生活文化史選書

日本人とくじら

―歴史と文化―

【増補版】

小松正之 著

捕鯨の風景

カバーの絵図から

『捕鯨図』
仙崎八坂神社所有・長門市指定有形文化財「歴史資料」

『勇魚取繪詞彩色写本』
北海道大学大学院水産科学研究院図書館蔵

目次

はじめに …… 4
序章 ―日本を取り巻く捕鯨環境― …… 6
―国際捕鯨委員会の歴史と国際司法裁判所の敗訴後から脱退まで― …… 46
くじら年表 …… 76
くじら探訪　西日本編 …… 79
長崎・五島（大村・福江）／肥前（佐賀）／長州（山口）／伊予（愛媛）・豊後（大分）／琉球（沖縄）
くじら食探訪 …… 134
元祖くじらや（新潟）／くらさき（長崎）

コラム

対談　捕鯨とかくれキリシタン……136
小松正之（東京財団上席研究員）×中園成生氏（平戸市生月町博物館「島の館」学芸員）
インタビュー①　くじらは長崎のいのち……142
日野浩二氏（株式会社日野商店 会長）
インタビュー②　くじらに特化し国内トップへ……148
本田 司氏（株式会社マルホ 代表取締役社長）
インタビュー③　この味を残したい、伝えたい……150
大西 陸子氏（鯨料理 徳家 女将）
座談会　くじらを語る―河野良輔先生を偲んで……154
小松 正之（東京財団上席研究員）
松林 正俊氏（元長門市長）
新庄 貞嗣氏（萩焼 新庄助右衛門 一四代）
藤井 文則氏（長門市教育委員会 文化財保護指導員）
くじら探訪　東日本編……167
蝦夷（北海道）／陸奥（青森）／陸中（岩手）／陸前（岩手・宮城）／越後（新潟）
金沢／能登・加賀・越中（石川・富山）／常陸（茨城）／伊豆（静岡）
あとがき……218

はじめに

初版刊行にあたって

二〇〇七年の『歴史と文化探訪　日本人とくじら』（ごま書房）を刊行して以来、約一〇年が経過した。その際に日本全国を周ったが、日本の半分の捕鯨とくじらに関する地域の記述と出版は残ってしまった。それをまとめて集大成し、かつその歴史を現代の日本と世界とにつながるように執筆したのが本書である。序文から読み始めていただければ、長崎から始まる西日本編と東日本編のクジラの歴史と文化並びに名所旧跡と現在のスポット案内も読みやすくわかりやすく理解できることを期待する。

各地の歴史と文化の記述にも、現代につながる解説を多く取り込んだ。例えばペリー提督の来航の意味と現在の日米関係、最近の漁業資源の減少と八戸と五島列島の有川などの海の神社の埋め立てと沿岸の好漁場の喪失などに関しての記述である。

歴史とは、単に過去の事象ではなく、過去が現代に及ぶものであるし、現在の人間は過去の精一杯生きた日本人の業績を十分に念頭に入れながら、自らの職責を果たすべきとの意味があろう。例えば現在の日本の南極海と北西太平洋鯨類捕獲調査も江戸時代から営まれた来た先人の捕鯨の所産の上に成り立つものであり、そのことを現在の行政・政治の担当者はしっかりとくみ取って責任ある行動をとってほしいとの思いを込めて本書が執筆され構成されている。

捕鯨の歴史も単に捕鯨ではなく、過去の日本人の生きざまと現在とこれからの生きる姿勢に関する意味があると思う。それが読者の皆様に伝われば、幸いである。

二〇一七年八月　小松正之

増補版刊行にあたって

最近、捕鯨に関する書き物が全くない。ましてや歴史と文化についても何にもない。そのような理由と、第六七回の国際捕鯨委員会（ＩＷＣ）が二〇一八年九月にブラジルのフロリアノポリスで開催され、日本政府ＩＷＣ代表団が自らの意見が通らないことを理由として、脱退をほのめかした前後に本書の人気が高くなっているので、増補版を出版したいとの話があった。

本書そのものは歴史と文化を中心とした書物ではあったが、本書冒頭では、我が国のＩＷＣ代表団のＩＷＣ総会や国際司法裁判所（ＩＣＪ）での誠意と熱意を感じない日本政府の対応を、痛烈に批判していた。したがって、単純な歴史と文化の域を超えた書物であった。そのことで、多くの読者に関心を持たれたものであろうと推量する。今回の増補版では、一二月二六日に日本政府が、国際捕鯨取締条約（ＩＣＲＷ）からの脱退を表明したことによって、増補版に対する関心とその出版に関する読者側のニーズが更に高まったとみられるので、脱退までの経緯と背景とその意味するところを解説している。そのような試みはわが国の他書には見当たらない。

そこで、筆者は、長年の経験に基づき、「国際捕鯨取締条約とは何か」について、その源となる第一次世界大戦前の南氷洋における欧州各国の捕鯨への進出と規制の歴史から説き起こした。その方が、最近の脱退の意味づけも読者の理解が促進するのではないかとの思いからである。

日本の南氷洋への進出と戦前の南氷洋での捕鯨を規制した国際捕鯨取締協定の成り立ちと意味づけにも言及しながら、それが戦後の一九四九年に締結された国際捕鯨取締条約に行きついた状況について解説した。これによってこの条約の本質がわかるだろうと期待する。また、今回の脱退の判断の理由は官房長官の談話にもあるように一九八二年に採択されて、一九九〇年までに見直しをすると約束をされた「商業捕鯨モラトリアム（一時停止）」が二十九年間の長きにわたって反故にされていることである。反捕鯨国が反故にしてきた状況と口実を、詳しく解説した。一方で、商業捕鯨モラトリアムに歴代の日本政府のＩＷＣ代表団がいかに真摯に、その撤廃に向けて努力してきたかがわかるように解説した。それ等によって今回の脱退劇とその意味するものと今後についてよりよく理解できるように努めた。

しかし、これらの最近の事象も長い、日本の捕鯨の歴史とそれによって培われた文化から見ればほんの一瞬である。

本増補版によって、読者が最近の事象と脱退にまつわる一連の動きを考えるうえで、歴史と文化をさらにじっくりとお読みいただけると、筆者として、うれしい限りである。

二〇一九年一月　小松正之

序　章　——日本を取り巻く捕鯨環境——

1．本書の意図

今から十年前の二〇〇七年九月に『歴史と文化探訪　日本人とくじら』（ごま書房）を出版した。これは、商業捕鯨の一時停止（モラトリアム）が一九八二年に採択され、その後、商業捕鯨の復活の兆しもなく一〇年が経過し、もう捕鯨は終わったとの声が大きく聞かれた一九九一年に私はイタリアのローマから帰国し、水産庁で捕鯨の担当を命ぜられた。日本の捕鯨が風前の灯になった一九九三年に第四五回国際捕鯨委員会の総会を京都で開催し、捕鯨に関する国内の世論と関心は再度高まった。このころは科学論と条約論中心の主張を国際会議でも展開していたが、なかなか商業捕鯨の再開に向けた進展は、緩やかにしか進まなかった。

二〇〇二年に第五四回国際捕鯨委員会の総会が下関で開催することが決定したが、伝統的な捕鯨の発祥地であり、日本遠洋漁業株式会社が一八九九（明治三二）年に発足した近代捕鯨の発祥の地でもある山口県長門市で第一回日本伝統捕鯨地域サミットを開催。本格的な歴史と伝統と文化の掘り下げと探訪が水産庁と日本鯨類研究所との共同歩調よって進められた。

当時を振り返ると、このような取り組みは科学と条約論に加えて、歴史と文化（食文化を含む）を掘り起し、国民の意識と理解を掘り起こすとともに、諸外国に向けても、これら歴史と文化を交渉の説得の糧としたいとの意図からであり、それは十分に功を奏した。ところが、二〇〇五年頃からシーシェパードの妨害が開始、水産庁は捕鯨政策と調査捕鯨の実施と評価に熱心さと遂行能力を欠き、捕鯨の業界は販売促進を怠り、再び捕鯨の凋落が始まった。そのころ、『歴史と文化探訪　日本人とくじら』（ごま書房）を出版した。先回の出版で取り扱った地域は尾張、蓬莱（のちに始まる捕鯨）、伊勢・志摩、土佐（西海につながる捕鯨伝承の地）、熊野・史跡や古文書にみる黒潮に現れる村々（紀州「太地」を擁する捕鯨発祥の地）、摂津・播磨（造船の技術と南氷洋捕鯨への進出）、瀬戸内、九州（西海に進出した瀬戸内海の人々）、土佐（海洋国と国防の思想）であった。

二〇一四年三月国際司法裁判所の判決で、日本政府の対応のまずさから、敗訴し、捕鯨が風前の灯になりかけている。そこで再び、捕鯨の活動に目を向けることが重要な時期となっている。二〇〇七年当時に日本全国を回り集めた、資料をもとに最近時点での補足を踏まえ、『歴史と文化探訪　日本人とくじら』の第二弾の出版を企画した。

最近の日本捕鯨は脱退の有無にかかわらず衰退の一途であり残念である。

そして二〇一八年十二月二十六日に、日本政府は国際捕鯨取締条約から脱退を正式に通知した。

これらの地域としては長崎県（生月、対馬、壱岐、大村、五島列島）、佐賀県（呼子、大泊）、熊本県（熊本）、山口県（長門、下関）、大分県（津久見、臼杵、佐賀関、大分市）愛媛県（宇和海地方、愛南町、遊子、吉田町、宇和島市、明浜町、伊方町、佐田岬）、沖縄県、北海道（室蘭市、釧路市、浜中町、厚岸、紋別、松前郡、江差町、浜中町）、青森県（八戸市）、岩手県（釜石市、山田町、陸前高田市広田町）、宮城県（本吉郡唐桑町唐桑、牡鹿町鮎川、女川町）、新潟県（新潟市、上越市、佐渡市）、石川県（金沢市）、富山県（氷見市）、茨城県（大洗町）、静岡県（伊豆）を取り扱っている。

2. 最近の国際情勢と歴史と文化

二〇一〇年五月三一日、オーストラリア政府は、日本が二〇〇五年から実施している第二期南極海鯨類捕獲調査事業（ＪＡＲＰＡⅡ）の停止を求めて、オランダのハーグにある国際司法裁判所（ＩＣＪ）に提訴した。

提訴の理由は、①商業捕鯨の一時停止（モラトリアム）、および②南氷洋の商業捕鯨禁漁区（サンクチュアリ）に違反し、③鯨類の保存と管理の適切性の欠け、資源へのリスク上も調査捕鯨（国際捕鯨取締条約第八条）を正当化できない。さらに、④ワシントン条約、および⑤生物多様性条約にも違反する、というものであった。

日本が科学的根拠に基づいた主張と、洋上でのＪＡＲＰＡⅡに基づく鯨類のサンプリング（標本採集）を続けていれば――すなわち、計画数クロミンククジラ八五〇頭の捕獲を達成し、同様にザトウクジラとナガスクジラについても、それぞれ五〇頭（可能性調査として一〇頭）の捕獲を行なっていれば、敗訴する可能性は考えられなかった。

なぜなら、①の商業捕鯨モラトリアムは、日本が長年、不適切で違法であると主張してきたことであり、②の商業捕鯨サンクチュアリの廃止要求も行なってきたからである。③の鯨類の保存と管理については、むしろ第二期南極海鯨類捕獲調査事業（ＪＡＲＰＡ）とＪＡＲＰＡⅡによって国際的貢献を果たしてきた。

日本政府は「事なかれ主義」で、二〇一〇年にＩＷＣ議長提案として南氷洋ミンククジラの捕獲調査を二〇〇頭まで削減することに同意し、南極海からの事実上の撤退を容認した。そして、商業捕鯨モラトリアムの撤廃を棚上げ、容認し、その廃止を全く主張せず、国際捕鯨取締条約第八条の科学調査を実施する権利と異議申し立ての権利を放棄し、及び商業捕鯨モラトリアムの十年間延長を是認を放棄することを内容とした提案をアメリカと共同でまとめ上げていた。全ての商業捕鯨再開の放棄である。

そのためオーストラリアは、商業捕鯨モラトリアムも商業捕鯨サンクチュアリも世界的に認知されてきたと読んで、提訴に踏み切っても当然勝訴すると踏んだと考えられた。すなわち、日本の自爆、自壊である。サッカー用語で言うところのオウンゴールである。

このような状況に対して、二〇一四年三月三一日にＩＣＪが下した判決は、ＪＡＲＰＡⅡの中止を求め、今後日本政府が同様の内容で実施する計画の許可を差し止めるという、日本の完敗であった。

ＩＣＪは、この裁判にあたって、ＪＡＲＰＡとＪＡＲＰＡⅡの比較を通じた議論を展開した。そして、実際に捕獲されたサンプル数が恣意的であることに目をつけたのである。

ザトウクジラとナガスクジラの捕獲がほとんどなく、クロミンククジラの捕獲も、シーシェパードによる妨害以前の二〇〇七年から目標（八五〇頭）を大幅に下回る五〇五頭となっていたが、日本はその科学的理由を説明していない。よって、ＪＡＲＰＡⅡの第二の目的である南極海海洋生態における鯨類の役割、鯨類間の競合を解明するなどの目的が果たされないと判断した。

それももっともなことである。ザトウクジラに関しては二〇〇五年の段階で、オーストラリアの女の子が日本政府に対して、ザトウクジラを殺さないよう要求する手紙を送ったところ、時の小泉純一郎内閣の官房長官・町村信孝氏は、早速ザトウクジラのサンプリングの撤回を決定した。どのような科学的な意味があって撤回されたのかは全く説明されていない（科学的な意味など全くない）。そればかりか、理由もなく変更し、その説明もなく、修正についてのフォローアップもしなかった。今回それをＩＣＪによって正面から指摘されたということである。

ＩＣＪは、条約第八条第一項に規定された締約国の調査捕鯨は、科学的に計画・実施された場合に限定されると判断、加えて、同項に該当しないＪＡＲＰＡⅡは事実上の商業捕鯨と認定した。そして商業捕鯨のモラトリアムを定めた条約の附表第一〇（ｅ）項、南氷洋の鯨類サンクチュアリを定めた附表第七（ｂ）項、母船式漁業でのミンククジラ以外の鯨類の捕獲を禁止する附表第一〇（ｄ）項にも違反するとまで判断した。

調査捕鯨とは言えない、すなわち条約第八条第一項でいう科学調査目的ではない。そして日本の調査捕鯨は、先住民生存捕鯨（後述）にも該当しない。だから説明するまでもなく商業捕鯨である、というのは、論理の飛躍による強引な結論だと言わざるを得ない。ＩＣＪが商業捕鯨モラトリアム、すなわち一九八二年に設定された条約附表第一〇（ｅ）項を判決の根拠としたことは、重大な問題である。

日本は、世界には豊富な鯨類資源もあるのだから、条約の前文および第五条の『科学的根拠に基づく資源の持続的利用」を定めた条項に反するとして、商業捕鯨モラトリアム撤廃をＩＷＣに要求してきた経緯がある。さらに、健全な鯨類資源があるにも拘らず、サンクチュアリを設定し捕獲禁止にした附表第七（b）項も条約違反である。

今回、ＩＣＪは、鯨類資源の状態と附表第一〇（e）項の関係、すなわち、商業捕鯨モラトリアムの不法性を何ら検討しないまま、判決ではそのモラトリアムを根拠にして、捕鯨禁止が是認された。これで時計の針は、商業捕鯨モラトリアム採択時の一九八二年に戻ってしまった。

これは日本政府の失態である。

そもそも、国際捕鯨取締条約とは、鯨類を有益な生物資源と認め、科学的根拠に基づく国際的な規制のうちに捕鯨を行ない、捕鯨産業の健全な発展を意図した条約である。条約の前文には、『鯨族の適当な保存を図って、捕鯨産業の秩序ある発展を可能にする」と、条約の主旨が謳われている。

長らく続いている捕鯨国と反捕鯨国の対立の背景にはさまざまな要因があるが、国や民族によるクジラに対する価値観の違いは決して小さくない。それは突き詰めれば、鯨肉を食べるか食べないか、肉食文化か魚食文化かの違いであろう。まずは、鯨類資源に関する科学的根拠を世界に訴えることが重要ではあるが、それに並行して補完的に文化論と歴史からアプローチすることも必要である。本書の歴史と伝統、文化をたどる意味はそこにあるのである。人間の営みは、今日に始まったものではない。今日は昨日の延長線上にある。ヒンズー教で言う「Ｋａｒｍａ」であろう。

3．日本の捕鯨史と文化

四方を海に囲まれた日本列島に暮らしてきた人々は、先史時代からクジラを利用していた。太古の地層に鯨類の化石が見られる。東京都昭島市の多摩川では、約一六〇万年前の地層からコククジラの仲間と思われる骨の化石がほぼ完全な形で発見されているし、隣りの日野市でも多摩川の川底の約一五〇万年前の地層からヒゲクジラと考えられる顎の骨の化石が見つかっている。また、千葉県君津市の約七〇万年前の地層からは、ザトウクジラに近い種と思われる骨格化石が発見されている。

主に狩猟・採集によって生きる糧を得ていた先史時代の人々にとって、鯨類は大いなる海の恵みだっただろう。その証拠に、日本各地の縄文時代（古い例では今から九千年前）の遺跡からは、クジラやイルカの骨が多数出土している。なかでも、石川県能登半島の真脇遺跡は、約五千年前（縄文前期～中期）の層から、足の踏み場もないほど大量のマイルカとカマイルカの骨や歯が発掘されており、当時すでにイルカ漁が行なわれていたと考えられている。今は地形が変わり、真脇の集落は隣に移転した。

また、九州一円で発掘された縄文式土器のなかには、底にクジラの脊椎骨（背骨）の跡が残っているものがあり、大型のクジラの平らな骨端板を土器づくりの作業台に使ったものと考えられている。九州の沿岸域は複雑に入り組んだ湾が多い。縄文人たちは、浜に打ち上げられた大型のクジラ、あるいは入り江に迷い込んだイルカを捕獲して食料にするだけでなく、骨や歯なども生活用具として利用していたのだろう。関東地方の遺跡からも、イルカやクジラの骨でつくられた臼や装飾品などが見つかっている。

「くじら」という言葉が最初に登場する文献は、奈良時代初期（八世紀）に編纂された『古事記』で、「久治良」と表記されている。また、七〜八世紀に編まれた『万葉集』には、捕鯨を意味する「いさなとり」という言葉が海、浜、灘の枕詞として用いられ、「いさな」は勇魚、鯨魚などと表記されている。しかし本当にクジラという意味かどうかは、万葉集を読む限りでは確証がつかめなかった。

古代から中世にかけてのクジラ漁は、座礁したクジラや湾内に迷い込んだクジラを捕獲するという受け身の方法であり、保存方法も発達していなかった。そのため鯨肉は、数量が少なく貴重品であり、貴族や将軍など一部の特権階級のごちそうとして珍重されていた。

それが江戸時代になると、集団で船を繰り出してクジラを仕留めるという積極的な捕鯨が行なわれるようになり、鯨肉は一般庶民の食卓にものぼるようになっていった。

『西海鯨鯢記』（一七二〇年刊、谷村友三著）というクジラの専門書によると、日本で初めて組織的な捕鯨が行なわれたのは一五七〇年のこと。愛知県知多半島の先端部、師崎の海において、七〜八隻の船を出してクジラを銛で突くという「突き捕り式」の捕鯨に成功したという。この頃、すなわち一六世紀の後半には、志摩半島や熊野灘沿岸、長崎の五島列島などでもクジラを獲る集団が組織されていた。

なかでも、和歌山県の熊野灘に面した太地では、熊野水軍の流れを汲む豪族の和田頼元によって、一六〇六年に捕鯨専業集団、いわゆる「鯨組」が組織された。徳川家康が天下を平定し、戦国の世が終わると、多くの武士が失業の憂き目に遭った。そこで頼元は、数百年にわたって培ってきた戦闘技術を捕鯨に転用することで、彼らの新たな働き口を確保したのである。

こうして太地では、組織的な突き捕り式捕鯨が盛んに行なわれるようになった。主な捕獲対象は、泳ぎが遅く、ぶ厚い皮にたっぷりと脂肪が含まれているために、死んでも海中に沈まないセミクジラやコククジラなどである。

さらに一六七七年には、頼元の孫の頼治が、銛で突く前に、クジラに投網を放つ「網捕り式」という新たな手法を考案した。網に絡めることで、クジラは逃げるスピードが落ちるうえに、死ぬと海中に沈むナガスクジラやミンククジラ（コイワシクジラ）といった大型のクジラも捕獲できるようになったのである。こうして太地で生まれた「網捕り式」捕鯨は、室戸（高知県）や北浦（山口県）、九州の長崎や佐賀など、西日本各地に広がっていった。

こうして日本各地に組織的な捕鯨技術が浸透するとともに、人口増加や貨幣経済の発達も相まって、江戸末期の文化・文政時代（一八〇四～三〇年）ともなると、庶民の鯨食文化が花開いた。頭から尾鰭まで、身も皮も臓器に至るまで、クジラをまるごと食べ尽くすのである。平戸藩（長崎県）の「益冨組」という鯨組による『鯨肉調味方』という鯨（セミクジラ）の調理法を細かく説明した料理本に記された食用部位は、何と七〇ヵ所に及んでいる。

クジラは食用に供されただけではない。鯨油は灯火用や稲の害虫駆除（除蝗剤）などに使われたし、骨は砕いて肥料になった。鯨ひげや歯は工芸品の材料として重用され、文楽人形のバネや小田原提灯の把手などにも使われた。

勇猛果敢な鯨組の漁師らが命懸けで仕留めたクジラは、捨てるところがまったくなかった。そして、死んで多大な恵みをもたらしてくれるクジラに対して、日本人は感謝と贖罪の気持ちを忘れなかった。捕鯨が行なわれた地域ではクジラを供養する風習があり、全国各地に残るクジラ供養の塔や塚、墓などは五〇ヵ所以上にのぼる。

たとえば、山口県長門市の一六九二年向岸寺の清月庵に建てられた「鯨墓」は、明治元（一八六八）年までの間に捕獲された約七〇頭のクジラの胎児が埋葬されている。捕獲したメスのクジラの胎内に宿っていた子クジラを、捕鯨者が憐れんで手厚く葬ったもので、子クジラがいつでも海を眺められるよう、海岸近くの高台に海を向いて建っている。

このように豊かなクジラ文化をもたらした日本の捕鯨であったが、江戸時代の終わり頃からクジラが減り、不漁に悩まされるようになった。原因は、長崎の彼杵半島、五島列島、壱岐や対馬に漁場を有し、乱立した鯨組によるクジラの捕り過ぎも多少はあったと考えられるが、主因は、欧米の捕鯨船団が沖合で大量捕獲したためである。日本式捕鯨は、クジラが沿岸に寄ってくるのを待つという方法だったのに対し、欧米の捕鯨は、日本近海だけでも三〇〇～七〇〇隻もの船でクジラを追いかけて、日本の沿岸に寄りつく前に沖合で捕ってしまうのだから、日本の捕鯨に勝ち目はない。

結局、不漁時で天候が悪く、海が荒れる際に焦って無理に船団を出して発生した明治十一（一八七八）年の「大背美流れ」と呼ばれる日本の捕鯨史上最悪の海難事故が大きな契機となって、二七〇年余続いた太地の鯨組も消滅した。

4．欧米の捕鯨史

ヨーロッパでは、西暦八〇〇年代にスカンジナビア半島などのフィヨルドに住むノルマン人（北方のゲルマン人）が捕鯨を行なっていたようであるが、本格的な捕鯨を始めたのは、スペインとフランスにまたがるバスク地方に住むバスク人だといわれている。

海洋資源に恵まれたビスケー湾沿岸に住んでいたバスク人は、古くから漁業や海運業に長けていた。九世紀頃から始まったバスク人の捕鯨は当初、沿岸性の鯨類であるセミクジラを小舟で湾に追い込んで捕獲していた。捕ったクジラの肉は重要な食料となり、とくに脂の乗った舌の肉は美味で珍重され、塩漬けにもされた。さらに鯨油は灯火用に、鯨ひげは傘の骨や鞭、女性のコルセットなどに利用された。

やがて造船、航海術の発達とともに、バスク人は漁場を広げていった。セミクジラを追って、フランス西部、イギリス、さらに大西洋へと繰り出すようになり、バスク人の捕鯨技術が伝わったフランス、イギリス、オランダなども捕鯨を行なうようになった。だが、その当時に捕獲できた鯨類は、死んでも水中に沈まないセミクジラに限られていたため、西欧沿岸の資源量はたちまち枯渇してしまった。

こうして一五世紀には、ヨーロッパの捕鯨は衰退期に入ったのだが、一五世紀の終わり頃から大航海時代を迎え、新たな航路を開拓すべく、西欧諸国は競うように大海原に乗り出していった。その過程で、オランダとイギリスは、北極圏のスピッツベルゲン島付近で、セミクジラに似たホッキョククジラの一大生息地を見つけたのである。

ホッキョククジラは、セミクジラより大きく、皮脂も厚く、鯨ひげも良質であったため、イギリスは一六一一年にスピッツベルゲン島に捕鯨基地を設けて捕鯨を始めた。オランダ、デンマーク、ドイツ、フランスもこれに続き、大規模な捕鯨を行なった。ピーク時には、毎年数百隻の捕鯨船が出漁して、一五〇〇〜二〇〇〇頭のホッキョククジラを捕獲していたとみられ、その結果、百年たらずで資源の枯渇を招くことになった。

当時のヨーロッパの捕鯨は、三〇m前後の大型帆船を母船として四〜五隻のボートを積み込んで遠洋に乗り出し、クジラを発見するとボートで追いかけ、手投げの銛でクジラを仕留めるというものだった。捕えたクジラは母船の脇で解体して、皮脂と鯨ひげをはぎ、皮脂は樽に詰めて持ち帰る。

このように、ヨーロッパの捕鯨は、沿岸から沖合に乗り出したことで、鯨油と鯨ひげだけが目的の捕鯨に変わったのである。

クジラを求めて大西洋から北極海へと移ったヨーロッパの捕鯨の漁場は、やがて大西洋を西へ西へと進み、北米大陸沿岸に至った。

一六二〇年、イギリスの清教徒たち（ピルグリム・ファーザーズ）は新天地を目指して大西洋を渡り、アメリカ東海岸に到着した。彼らを乗せたメイフラワー号は、ヨーロッパからのアメリカ移住（植民地化）のシンボルになっているが、当時、すでにヨーロッパの捕鯨者たちは、アメリカの大西洋岸で盛んに捕鯨を行なっていたのである。

アメリカに渡った捕鯨者たちは、当初は先住民の力を借りて沿岸でセミクジラを捕っていたのだが、一八世紀に入り、沖合でマッコウクジラという新たなクジラ資源を見つけた。

セミクジラ同様、マッコウクジラも比較的泳ぎが遅く、死んでも沈まない。

しかも、鯨油は、セミクジラよりもマッコウクジラのもののほうが灯油や機械油として優れていた。

とくに蠟燭の原料としては白くて炎の色も良いと、アメリカの輸出品として評価が高かった。

一六九〇年代以降、捕鯨は海事産業の質の向上と発展に貢献し、一七六八～七二年には捕鯨産品が占めるニューイングランドの全貿易の割合は13％に上った。（バトラー著『Becoming America』）

一八世紀の半ば、採油のためのマッコウクジラの捕獲は増加の一途をたどり、船も大型化していく。初期の捕鯨母船は三〇～四〇tほどの帆船だったのが、一〇〇～一五〇tの規模になった。目当ての鯨油も、初めは海上で解体して皮脂を持ち帰り、陸上で採油していたのだが、採油も海上で行なうようになった。

このように大規模に発展したアメリカの捕鯨を「アメリカ式帆船捕鯨」という。

沖合でマッコウクジラを発見すると、母船に積んであったボートを下ろして獲物に近づき、手投げの銛で仕留める。そして母船の脇の海上で解体して、皮を母船に引き上げる。その皮を細かく切り、甲板に設置された釜で煎って採油し、樽に詰めるのである。このようなアメリカ式の捕鯨は、沖合に多く生息するマッコウクジラを貪欲に追いかけ、鯨油が船に積んだ樽いっぱいになるまで帰港しないため、一回の航海日数は数週間から数カ月に及んだ。

アメリカの捕鯨船は、一八世紀後半ともなると世界の海を漁場にしていった。南大西洋のフォークランド諸島水域、南インド洋の南極大陸近くの島々、そして太平洋のオーストラリアやニュージーランド近海から、北はオホーツク海、ベーリング海まで進出して、クジラを捕りまくったのである。

アメリカ式帆船捕鯨の黄金期は一八二〇～五〇年頃で、捕鯨母船は三〇〇t級、一航海は二～四年、ピーク時には一年で一万頭ものクジラを捕獲したという。捕鯨船の長期にわたる航海は、乗組員にとって過酷なものだったことは想像に難くない。アメリカの作家メルヴィルの代表作『白鯨』（一八五一年発表）には、当時のアメリカ式捕鯨の様子が描かれているが、メルヴィル自身、かつて捕鯨船の乗組員で、あまりの環境の厳しさに、停泊中の船から逃げ出した経験を持っている。

クジラを求めて世界中の海に次々に乗り出していったアメリカであったが、一九世紀半ばに捕鯨への熱意は急激に冷める。一八四八年にカリフォルニアで金が見つかると、たちまちゴールドラッシュが起きた。海の荒くれ男たちも、賃金の水準が捕鯨を上回り、安全性も高い仕事である金鉱掘りのほうが魅力的で、一攫千金を夢見てカリフォルニアを目指した。また、当時急速に発展していた綿産業に従事するようになった。さらに一八五九年、ペンシルバニアで油田開発が始まり、カリフォルニアでも石油が産出されるようになると、産業資源としての鯨油の需要は激減した。

もとより、アメリカの大規模な捕鯨は、燃料にするための鯨油を採ることが目的だったのだから、もっと生産効率のよい燃料があれば、そちらにさっさと切り替えるのは当然のなりゆきであろう。こうしてアメリカの捕鯨船団は世界の海から撤退し、沿岸捕鯨を小規模に行なうのみとなった。

※一七八九年以降入植した豪でも捕鯨が主要産業として行われ重要な貿易品であった。一九五二～七八年までに一万六千頭のマッコウクジラが捕獲された。ニュージーランドでも沿岸やチャタム諸島を基地に捕鯨が行われ、初期の産業として貢献した。

ひるがえってヨーロッパでは、新たな捕鯨技術が生まれていた。一八六四年、ノルウェー人のスヴェン・フォインが、捕鯨船に大砲を据えて、この砲からロープのついた銛をクジラに打ち込む「捕鯨砲」を開発したのだ。銛がクジラに命中すると、銛の先端部に仕掛けられた爪が開き、銛はクジラの体から容易に抜けなくなる。そこでロープを手繰り寄せれば、クジラを回収できるというわけである。この技術革新によって、泳ぎが速く、皮脂が薄いために死んだら水没してしまい、捕獲の効率が悪かった大型のナガスクジラ類が捕獲できるようになった。

こうして従来の帆船より速度の出る汽船に捕鯨砲を搭載した「ノルウェー式捕鯨」によって、近代捕鯨の幕が開いた。そして、ヨーロッパの捕鯨者たちの目は、最後のクジラの宝庫、南極大陸周辺に広がる南氷洋に向けられることになったのである。

5. 日本の開国と近代捕鯨

日本で独自に発達し、江戸時代を通じて行なわれた『網捕り式捕鯨』があるが、先述の通り、日本各地の沿岸域で操業していた「網捕り式捕鯨」は、欧米の船団による沖合での捕鯨によって、日本近海のクジラの個体数が激減したために、壊滅的な打撃をこうむった。

一八五三年、アメリカのペリー提督率いる艦隊が浦賀に来航した。この「黒船来航」が契機となって、日本は二〇〇年余続いた鎖国を解き、国際社会の仲間入りをすることになる。

ペリーは、日本への開国要請にあたって、アメリカの中国との貿易に従事する交易船と捕鯨船団の寄港、および燃料や水、食料の補給などを求めた。ペリー来航の第一目的は、中国（清）とアメリカとの貿易推進のため、途中、安全に寄港と補給ができる場所を獲得することであった。当時、カリフォルニア州の農業と水産業が急速な勢いで発達しており、アメリカは、ラッコ皮や干鮑（ほしあわび）、農産物を清国の広州で売ることを推進していた。これに加え、アメリカの捕鯨者たちの熱い要望をアメリカ政府が汲んだ結果であるが、難破した捕鯨船の保護と薪・水、食料の供給という人道的支援に訴えて、日本に開国を迫った。ペリーの巧みな交渉術といえよう。しかし、基本的な背景にはアメリカは太平洋を自分の海と考える欲望があり、一八四六年テキサスやカリフォルニアの併合を終え、さらにハワイやフィリピンをスペインの支配下から奪いたいとの願望があった。なお、ペリー来航時に通訳を務めようとして徳川斉昭に排除されたジョン万次郎（中浜万次郎）は、土佐の漁師だった少年時代に遭難し、アメリカの捕鯨船に救助されて渡米したという経緯がある。また、一八五四年日英和親条約の英国の通訳だった、マカ族に助けられた知多半島小野浦出身の音吉がいる。

また、ヨーロッパは大航海時代の後一七〇〇年代後半のキャプテン・クックの大航海を経てオセアニアにイギリス人が入植したのであるが、今日のオーストラリアとニュージーランドの国の基盤をつくったのは、捕鯨とアザラシ漁であった。鯨油・アザラシ油や革、鯨ひげを原料としたコルセットの生産によって、莫大な利益を上げたのである。アメリカでも、メイフラワー号が北米東海岸に到着した際、移住者の手助けをしたのは、すでにヨーロッパから来ていた捕鯨者たちだった。歴史の大きなうねりの中で、クジラが果たした役割は大きい。

日本の捕鯨者のなかには、欧米の近代捕鯨に注目する人々もいた。着目したのがノルウェー式捕鯨であった。長州藩（山口県）出身の岡十郎が、ノルウェーで捕鯨のノウハウを学び、同国から捕鯨砲や銛を買い入れて、一八九九（明治三二）年に日本海に面した仙崎（現長門市）に捕鯨会社を設立したのが、日本の近代商業捕鯨への第一歩となった。福沢諭吉の教え子だった岡は、「これからはノルウェー式捕鯨の時代が来る」という恩師の勧めで捕鯨会社設立を決意したという。

岡は、欧米と日本との捕鯨の違いを最初から見抜いていた。すなわち、欧米では採油や製肥に重点を置く捕鯨であるのに対し、日本の捕鯨は食肉が主目的である。そこで、捕獲方法はノルウェー式を取り入れつつ、クジラの加工・利用は従来の日本式を踏襲することにしたのだった。

岡は、当初ノルウェーから砲手を招いて、日本人の砲手を育てつつ、クジラの加工は西日本から熟練の解剖員を集めて操業し、成功を収める。それに刺激されて、一九〇八年までに一二の捕鯨会社が生まれ、日本沿岸で操業するようになる。古式捕鯨の行なわれていた地域は、近代捕鯨産業の重要な拠点となった。

捕鯨会社の乱立によるクジラの乱獲を恐れた岡は、鯨類の保護と事業継続のために合同の必要性を説き、一九一〇年、大手捕鯨会社を合併して、東洋捕鯨株式会社を設立するに至った。そして同社の後身である日本捕鯨株式会社（現在の日本水産）が、南氷洋捕鯨の先陣を切ることになる。捕鯨先進国ノルウェーに遅れること三〇年、一九三四（昭和九）年のことだった。

6．南氷洋捕鯨への進出

捕鯨砲を搭載した捕鯨船（キャッチャーボート）を開発したノルウェーは、極寒の南氷洋における捕鯨でも一歩先んじていた。一九〇四年、ノルウェーは、英領のサウスジョージア島に捕鯨基地を設けてクジラの捕獲に成功したのを皮切りに、操業規模の拡大を図った。だが、これを快く思わなかったイギリスは、自国領であることを理由に、サウスジョージア島の利用を大幅に制限する政策をとった。いじわるからの締め出しであった。

ノルウェーは、「母船式捕鯨」を考案する。クジラを甲板に引き上げる取込口（スリップウェー）を船尾に設け、甲板でクジラの解体・処理を行なえるシステムをつくったのである。これで基地に頼らず、公海で自由に操業できるようになった。イギリスが自国領の基地使用を拒んだことが、ノルウェーのさらなる技術革新を生んだのだった。

ノルウェーは、この母船式捕鯨による公海操業を一九二四年に開始、さらに一九三二年には、クジラを引き揚げるために尾をつかむ装置（クロー）を考案し、母船式捕鯨の性能はますます向上した。

こうして、近代捕鯨の先駆者ノルウェーに続き、日本を含めた多くの国々が、南氷洋で母船式捕鯨を行なうようになる。途中、第二次世界大戦による休漁期間があったものの、終戦直後には隆盛をみた。

一九三四年に初めて南氷洋に捕鯨船を送った日本は、他の国々と同じく鯨油採取を主目的にしていた。国力増強のための外貨獲得が必要だったからである。だが、翌年からは、国内の沿岸域でゴンドウクジラやミンククジラを捕獲していた捕鯨者たちを説得したうえで、鯨肉を日本に持ち帰っている。やはり鯨油目的だけの捕鯨は、日本には馴染まなかったことがうかがえる。

実際、南氷洋での日本の捕鯨は、従来、陸上で行なっていた解体・加工作業を母船内に導入するという、日本の伝統的な捕鯨を継承するものだった。鯨油採取が主目的の欧米式の捕鯨なら、船には採油のための設備があれば事足りる。だが、食肉が主目的の日本の捕鯨の場合、食肉加工施設や冷蔵室などの設備も欠かせない。乗組員も捕獲に関わる人々だけでなく、加工に携わる人々も必要になるので、捕鯨船団は大規模なものになった。

戦前、日本の捕鯨船団は南氷洋に出漁するたびに捕鯨技術を上げ、最盛期には六隻の新式捕鯨母船を持つ捕鯨大国となった。一九三四年以降、三万頭以上のクジラを捕獲し、鯨油販売によって外貨を獲得するとともに、国内には鯨肉を供給した。

しかし、第二次世界大戦に突入。軍用輸送船に転用された捕鯨母船は撃沈され、一九四五年八月の終戦時にはすべての母船を失っていた。

敗戦後、日本は深刻な食糧難に見舞われた。そこで、一度に大量に確保できるタンパク源として注目されたのが、鯨肉である。連合国軍最高司令官総司令部（ＧＨＱ）は、日本の食料危機打開に理解を示し、一九四五年九月には沿岸（マッカーサーライン内）、翌年には小笠原近海での母船式捕鯨の再開を許可した。さらに、一九四六／四七年の冬の漁期には、南氷洋での出漁も許可された。

当時、南半球で捕鯨を行なっていたイギリス、ノルウェー、オーストラリア、ニュージーランドは、自国の利権が脅かされるとして日本の南氷洋出漁に反対した。しかし、ＧＨＱのマッカーサー元帥は、日本の食糧難は危機的な状況であり、南氷洋捕鯨を認めないのであれば、代わりに財政支援を行なうように、と厳しく反論した。

こうして南氷洋での捕鯨は再開された。一九四七年二月に、約三四〇ｔの鯨肉を積んだ戦後初めての鯨肉運搬船「橋立丸」が東京の築地港に入港すると、国民の熱烈な歓迎を受けた。こうして戦後の食糧難を救った鯨肉は、安価で栄養価が高いことから、学校給食にも取り入れられることになったのだった。

一九五二年には、北洋での母船式捕鯨も再開され、日本の捕鯨は急速な成長をみる。一九五九／一九六〇年の南氷洋捕鯨の漁期以降、日本はノルウェーを抜いて世界一の捕鯨国となった。クジラの捕獲頭数のピークは一九六二年シーズンで、当時南氷洋捕鯨を行なっていた五ヵ国の合計捕獲頭数一万五千頭余りのうち、六千六百頭近くを日本が捕獲している。捕鯨産業の隆盛とともに、日本は高度経済成長を遂げていった。

大戦後の一九四六年から六〇年代初めまで、南氷洋捕鯨における一シーズンの捕獲頭数は、七ヵ国（日本・

ノルウェー・旧ソ連・イギリス・オランダ・パナマ・南アフリカ）の合計で一万四千頭台〜一万六千頭台で推移している。しかし、パナマと南アフリカは五〇年代に早々に撤退、イギリスとオランダも六〇年代半ばまでに撤退した。最大の船団数を出漁させていたノルウェーも一九六〇年代に急激に減少、一九七二・一九七三年の漁期には撤退していった。

西欧諸国が南氷洋から撤退したのは、収支コストが合わなくなったからである。西欧の捕鯨は、皮脂と骨から鯨油を採取し、赤身部分は家畜の飼料・肥料用の肉粉やエキスに加工するか、海に投棄していた。多く見積もってもクジラの体の二〇〜三〇％しか利用しておらず、当時すでに各国の捕獲枠が決められているなかで、捕鯨船派遣に要する莫大な経費に見合わない。しかも、石油や植物油が安価に出回るようになり、鯨油の需要は低下する一方だった。かつては重宝された弾力のある鯨ひげも、鋼やプラスチックの時代に変わっていった。

結局、日本と旧ソ連だけが南氷洋での捕鯨を続けることになった。日本はクジラの体を一〇〇％利用していたし、旧ソ連は東西冷戦下にあって軍事目的での鯨油の需要があり、肉は日本に売っていたため、捕獲枠が縮小されても収支が成り立っていたのである。

しかし、欧米中心の国際世論の潮流は、「もうクジラを捕獲するのはやめよう」という方向に傾いていった。その過程で、捕鯨を管理するために設けられた国際機関、国際捕鯨委員会（ＩＷＣ）は、反捕鯨を唱える国々の跋扈によって「反捕鯨サロン」と化し、一九八二年には商業捕鯨のモラトリアム（一時停止）を採択した。以来、反捕鯨国による捕鯨再開阻止活動が続いているのである。

7. 捕鯨裁判における日本敗訴

この後も捕鯨に関しては、種々の展開があったが、それらは、残念ながら、割愛して、最近の最大の恥辱的な出来事である、国際司法裁判所での捕鯨裁判の日本の敗訴に触れたいと思う。

二〇一〇年五月三一日、オーストラリアは、日本が実施している第二期南極海鯨類捕獲調査（ＪＡＲＰＡⅡ）が、国際捕鯨取締条約（ＩＣＲＷ）に違反しているとして、ＩＣＪに提訴した。さらに二〇一二年一一月二〇日、ニュージーランドが、本件に関して非当事国として訴訟に参加すると宣言、ＩＣＪは、二〇一三年二月六日に同国の訴訟参加を認めた。

オーストラリアは、国際捕鯨委員会（ＩＷＣ）の中で反捕鯨国の急先鋒である。二〇〇七年一一月の同国連邦議会選挙では、オーストラリア労働党が、日本の調査捕鯨に対して法的措置をとることを公約のひとつに掲げて、保守連合に勝利した。選挙後、ラッド首相率いる労働党政権は、早速、日本との外交交渉を開始したものの、交渉は決裂、そして二〇一〇年のＩＣＪ提訴に踏み切ったという経緯がある。

さて、オーストラリアの提訴に対し、日本はＩＣＪの裁判管轄権に関し異議を唱えた。オーストラリアは、南極大陸の約四〇％に領有権を主張している。一方、日本やアメリカをはじめ世界の大多数の国は、南極大陸の領有権を主張しないばかりか、どの国の領有権も認めていない。オーストラリアは、自国が領有を主張する南極大陸に隣接する排他的経済水域内は、ＩＣＪの裁判管轄権を有しないという宣言をしているのだが、日本の調査捕鯨はその豪が主張する南極大陸の沖合の二〇〇海域で実施されている。そこに目をつけた日本は、本裁判はＩＣＪに管轄権がないと主張したのである。

だがＩＣＪは、南極大陸の領有権および排他的経済水域に関するオーストラリアの主張を、そもそも日本をはじめ大多数の国は認めていないのだから、国際社会にとっては豪二〇〇海里の境界は存在しないとして、日本の主張をあっさりと退けた。

さらに日本は管轄権の議論として、ＩＣＲＷ第八条一項で締約国には科学目的での調査捕鯨活動の許可を与える権限を認めているのだから、本件は国際論争ではない。したがって、ＩＣＪの管轄権はないと主張した。これに対してオーストラリアは、日本の調査捕鯨は事実上の商業捕鯨であり、ＩＣＪには管轄権があり、日本の調査捕鯨をＩＣＪの判断で停止に追い込んでほしいと主張した。

ＩＣＪは、日本による相当数の鯨類の捕獲は、たとえ科学目的であったとしても、それが正当に計画され、実施されたものかに関しては、当事国以外も意見を述べることが出来るとしたうえで、日本の反論は支持されないと結論づけ、ＩＣＪに管轄権があると判断したのである。

こうして、ＩＣＪで南極海における捕鯨訴訟の審理が行なわれることになった。筆者は、ＩＣＪの管轄権に関する日豪の主張の差が、裁判官の心証に影響したのではないかとも思う。

オーストラリアによる主張は、ＪＡＲＰＡⅡは、ＩＣＲＷ第八条が意味するところの科学的調査を目的とした活動ではない。

まず、商業捕鯨のモラトリアム直後からすぐに計画したこと、商業捕鯨時代と同じ船団を使用していること、モラトリアムに異議申し立てはしていないものの大型の長期間の調査を計画しこれが事実上の商業捕鯨であること、日本の調査は結果の分析と国際社会から認知されず条約八条でいう科学目的の捕鯨ではないこと。科学目的でなければ、原住民生存捕鯨も極めて限定的であり、残るは商業捕鯨が幅広いカテゴリーであることとした。更に豪は日本は附表に基づく三つの実体的義務、すなわち、①商業目的により鯨類を殺すことに関する捕獲枠ゼロとするモラトリアムに関する義務（ＩＣＲＷ附表10〈e〉）、②南氷洋保護区におけるナガスクジラに関する商業捕鯨を実施しない義務（ＩＣＲＷ附表7〈b〉）、③母船または母船に帯同した捕鯨船により、ミンククジラを除く鯨種を捕獲し、殺し、処理することに関するモラトリアムの遵守義務（ＩＣＲＷ附表10〈d〉）に違反し、未だに違反し続けている。また、附表に規定された科学的許可の提案に関する手続的要件にも違反している。また、どのような点でＪＡＲＰＡⅡが科学的調査ではなく、商業目的に該当するのかについて、オーストラリアは次のように主張した。

①管轄権は、本件が科学調査ではなく、商業捕鯨であり、商業捕鯨のモラトリアムの適用を争っており、場所がどこかは、重要ではない。従って管轄権は有するとの判断を期待する。
②歴代の長官や大臣は捕鯨は一切やめないと主張していること。
③日本の調査捕鯨による鯨類資源管理に関する科学的貢献度はゼロに近い。
④日本が設定した調査捕鯨捕獲頭数は、日本以外の学者の誰からも統計的な妥当性を支持されていない。
⑤日本は、調査捕鯨捕獲頭数を設定しておきながら、実際の捕獲頭数は年々減少の一途をたどっている。これは、鯨肉が売れないから在庫調整のために捕獲頭数を削減しているのであって、この点からも科学とは関係のない捕鯨であることが明白である。

これに対し、日本はオーストラリアの主張に異議を唱えてはいるが日本はクジラがもとで開国したなど極めて情緒的で、豪の練った理屈に対して、平板で一般論的な対応である。

①豪が主張する海域は豪がＩＣＪの管轄権がないと主張した海域であり、この裁判に管轄権があるかどうかは、裁判所の判断にゆだねる。
②実体的義務に関して、ＪＡＲＰＡⅡは科学的調査を目的として行なわれている。したがって、ＩＣＲＷ第八条一項に規定する例外に該当するため、オーストラリアが援用したいずれの規定も適用されない。また、手続的要件にも違反していない。

③日本の調査捕鯨の商業捕鯨の再開に必要なデータの収集を目的としている。
④日本が目標設定した捕獲頭数に達していないのは、シー・シェパードの暴力的行為に起因するものである。このようなシー・シェパードに対し、オーストラリアは寄港を容認しているだけでなく、積極的に支援する政府関係者すらいる。また、ザトウクジラを捕獲していないのは、ＩＷＣで捕鯨国と反捕鯨国が折り合うための協議が行なわれており、妥協の精神によるものである。
⑤日本は商業捕鯨のモラトリアムの違法性については何ら争わないとの誤りを犯している。
⑥また、豪が科学性について、日本の調査が科学的内容を保持しているかどうかを争っているときに、八条の条約上の解釈を法学者にゆだねて、実態的に見て第八条に合致している議論展開をおこたっている。

南極については、オーストラリア、ニュージーランド、アルゼンチン、チリ、イギリス、フランス、ノルウェーの領有権主張国（クレーマント）と、日本、アメリカ、韓国、ロシア、ヨーロッパ諸国など領有権を主張しないかわりに、他国の領有権も一切認めない領有権非主張国（ノン・クレーマント）が存在する。そのなかで、オーストラリアが主張する領土は南極大陸全体の四割強で、二位のノルウェーの二割弱を大きく上回っている。さらには、その外側に排他的経済水域も一方的に設定しているのである。

そもそも一九五九年に採択された南極条約（一九六一年発効。南緯六〇度以南の地域に適用）では、領土権主張の凍結を基本原則に掲げたうえで、南極地域の平和的利用、科学的調査の自由と国際強力の促進などを謳っている。これにより、クレーマントとノン・クレーマントの対立を越えて、南極が科学調査と国際協力のための場所であることが明らかにされている。そこで、オーストラリアとしては、科学調査で実績を挙げる日本の存在に懸念と焦りを有していることが、今回の提訴から読み取れるのではないだろうか。

そのような観点からみると、今回の訴訟は、南極大陸や南極海と人類が今後どのように関わっていくのかという方向性を占うものでもあったと考える。日本は国際社会の一員として、平和的かつ科学的に南極地域を利用するという世界の国々の共通の利益のために主張する責任も負わされていると自覚すべきであったろう。とすれば、日本は、北太平洋の調査捕鯨との関係と商業捕鯨のモラトリアムとの関係をもっと前面に出して争うべきであった。後者については、現在鯨類資源が豊富であり、だからノルウェーとアイスランドの異議申し立てには正統性があり、日本も商業捕鯨のモラトリアムが、条約五条に照らし違法性があることを強く主張すべきであった。

さて、日本のＪＡＲＰＡⅡが、ＩＣＲＷ第八条一項に定める「科学的調査の目的のため」に相当するのか、それとも偽装商業行為なのかという裁判の争点について、ＩＣＪは、第一期の南極海鯨類捕獲調査（ＪＡＲＰＡ）とＪＡＲＰＡⅡの比較を通じた審理を展開した。そして、ＪＡＲＰＡⅡは科学目的の調査とはいえないと結論づけたわけだが、ここでＪＡＲＰＡⅡとはどのような調査だったのかについて触れておきたい。

前章で述べたように、ＪＡＲＰＡは、一九八二年にＩＷＣで商業捕鯨モラトリアムが採択された後、その採択の根拠となった鯨類資源に関する科学的知見の不確実性を覆すために実施されたものである。調査は一九八九／九〇年から二〇〇四／〇五年まで一六年にわたって行なわれ、南極海のクロミンククジラの生息状況や生態について多くの新たな知見が得られた。このような長期的かつ大規模な調査は世界初の試みであり、その成果はＩＷＣ科学委員会の科学者たちから高い評価を受けている。

ＪＡＲＰＡで得られた科学的知見をもとに、二〇〇五／〇六年から実施されているのがＪＡＲＰＡⅡである。ＪＡＲＰＡによって、南氷洋ミンククジラと他の鯨種との競合関係などが具体的に見えてきたため、今後、南極海における鯨類資源の将来予測を行なうには、個々の鯨種を調べるだけでなく、鯨種間の関係もあわせて考慮する必要性がある。そこでＪＡＲＰＡⅡでは、さらに南氷洋ミンククジラの胃の内容物や繁殖の強さを調べたり、ザトウクジラなど大型鯨種と南氷洋ミンククジラとの競合関係を探ったりすることにより、南極海の総合的な生態系を把握することを目指したのである。

ＪＡＲＰＡⅡの調査海域は、ＪＡＲＰＡとほぼ同じで、調査対象とする鯨類は、従来の南氷洋ミンククジラのほか、ナガスクジラ、ザトウクジラを加えた。南氷洋ミンククジラの捕獲枠（採集サンプル数）はＪＡＲＰＡ（一九九五・九六年以降）の四〇〇頭±一〇％から、八五〇頭±一〇％に増加し、新たにナガスクジラ五〇頭、ザトウクジラ五〇頭の捕獲枠を設定した。

南氷洋ミンククジラの実際の捕獲数は、予備調査の二〇〇五／〇六年は八五三頭、二〇〇六／〇七年は五〇五頭であったが、二〇〇七／〇八年からの本格調査では、一〜二〇〇頭であった。ナガスクジラは、予備調査の二シーズンはそれぞれ一〇頭、三頭を捕獲したが、その後はほとんど捕獲されなくなった。予備調査のときもグリーンピースとシー・シェパードによる妨害はあったが、本格調査に入ってシー・シェパードの妨害活動が激化し、ほとんど操業できなかったからである。調査の中断を余儀なくされた年もあり、実質調査は数十日から数日というありさまだった。また、ザトウクジラの捕獲は、オーストラリアの政治的圧力に屈して、二〇〇五年から早々に捕獲を断念した。

もとより、シー・シェパードなど「環境保護」を標榜する団体による捕鯨調査への妨害は、クジラを殺すことへの抗議である。鯨類資源管理に必要なデータは、バイオプシー（生体組織診断）などクジラを捕殺しなくても得られる「非致死的調査」もある。

しかし、鯨類の適切な資源管理をするためにはクジラの「人口調査」が必要であり、そのためには年齢や成熟度などのデータが不可欠である。このようなデータを得るには、年齢を知るための耳垢栓、性成熟度や妊娠率を調べるための生殖腺の採集が必要になる。これらの器官は体の内部深くにあるため、クジラを捕獲して殺さなければデータを得られないのである。また、海洋環境が鯨類に与える影響を調査するには、内臓などに蓄積されている汚染物質を調べる必要があるし、鯨類が捕食している生物資源の調査には、胃の内容物を調べる必要がある。こうした調査を効果的に実施するためには、クジラを捕殺する「致死的方法」が不可欠なのである。非致死的調査が非効率的で現実的でないことは、ＩＷＣ科学委員会でも認識されていることである。

ＩＣＪは、ＪＡＲＰＡⅡが科学調査目的であるのか、それともオーストラリアが主張するような商業捕鯨の偽装にすぎないのかという裁判の争点において、ＪＡＲＰＡとＪＡＲＰＡⅡの比較を通じて審理を展開した。すると、ＪＡＲＰＡが高い成果を上げているのに比べて、ＪＡＲＰＡⅡの成果の低さが目立った。そして、ＪＡＲＰＡとＪＡＲＰＡⅡの捕獲サンプル数に目をつけたのである。

ＪＡＲＰＡⅡにおける南氷洋ミンククジラの捕獲目標サンプル数（八五〇±一〇％）は、ＪＡＲＰＡ後期の二倍であり、新たにナガスクジラとザトウクジラも追加している。それにもかかわらず、実際に捕獲された頭数は、目標の頭数を下回っており、計画と実施に大きなギャップがある。そこで、ＩＣＪの裁判官の多数は、サンプル数は恣意的に定められたものだと判断、そして捕獲がそれを大幅に下回っていたことから調査の目的を達成しておらず、調査の分析に耐えられない。よってＪＡＲＰＡⅡは科学調査目的とはいえず、かつ先住民生存捕鯨でもないので、商業捕鯨であると結論づけたのであった。この最後のロジックは豪の主張そのものであまりにも拙速拙劣である。利益も出ていない小規模捕鯨がどうして商業捕鯨になるのか。

ＩＣＪの管轄権に関する部分を除く判決主文は、以下の通りである（文末のカッコ内は、裁判官16人の評決状況。

通常、ＩＣＪの裁判官は、裁判所長・副所長を含めて一五人であるが、今回の裁判では、日本国籍の小和田裁判官がいるのに対し、自国の国籍を有する裁判官がいなかったオーストラリアは特任裁判官を選定したので、一六人となっている)。

①ＪＡＲＰＡⅡの関連で日本によって与えられた特別許可書は、国際捕鯨取締条約（ＩＣＲＷ）第八条一項の規定の範囲には入らないことを認定し（賛成12：反対4）

②日本は、ＪＡＲＰＡⅡのためにナガスクジラ、ザトウクジラ、南氷洋ミンククジラを殺し、捕獲し、および処理する特別許可書を与えることにより、ＩＣＲＷの附表一〇（ｅ）の下での義務に従って行動しなかったことを認定し（賛成12：反対4）

③日本は、ＪＡＲＰＡⅡのためにナガスクジラを殺し、捕獲し、および処理することに関連して、ＩＣＲＷの附表一〇（ｄ）の下での義務に従って行動しなかったことを認定し（賛成12：反対4）

④日本は、ＪＡＲＰＡⅡのために「南氷洋保護区」においてナガスクジラを殺し、捕獲し、および処理することに関連し、ＩＣＲＷの附表七（ｂ）の下での義務に従って行動しなかったことを認定し（賛成12：反対4）

⑤日本は、ＪＡＲＰＡⅡに関して、ＩＣＲＷの附表三〇の下での義務を遵守したことを認定し（賛成13：反対3）

⑥日本は、ＪＡＲＰＡⅡに関して付与された現存している認可、許可または免許を撤回し、かつ、当

該プログラムのためのいかなる追加的な許可を与えることも慎まなければならないことを決定する（賛成12：反対4）

つまり、日本のＪＡＲＰＡⅡは、ＩＣＲＷ第八条一項に定める科学目的のために計画・実施された調査ではなく、オーストラリアが主張したように、附表に基づく3つの実体的義務に違反していると大多数の裁判官が判断し、現在実施中のＪＡＲＰＡⅡについて日本政府による許可証の発給差し止めを命じたわけである。

じつは判決文をよく読むと、ＪＡＲＰＡⅡが「科学的でない」とするＩＣＪの根拠は、極めて不可解な論理展開によるものが多いことがわかる。

たとえば、目標サンプル数を大幅に下回り、大きな損失が出ているものが、どうして商業捕鯨になるのであろうか。ＩＣＪは、ＩＣＲＷ第八条一項に該当しないＪＡＲＰＡⅡは、先住民生存捕鯨でもなく、調査捕鯨でもないから、商業捕鯨であると結論づけているのだが、ＩＣＪが考える商業捕鯨とは何かという点については、「理由は説明するまでもない」と説明責任を回避しているのである。この点は豪の理論構成をそのまま借りている。この点も日本側が全く反論していないことによる。

ここで少し、先住民生存捕鯨について触れておきたい。国際捕鯨委員会（ＩＷＣ）では、世界各地で古くから行なわれてきた小規模な地域捕鯨を、「先住民生存捕鯨」の名の下に、伝統的な生業として継続的に許可している。ＩＣＲＷ附表一三項に記されている先住民生存捕鯨であるための条件は、①先住民、または先住民のために締約国政府が行なうことと、②肉または製品が、もっぱら先住民による地域的消費だけに用いられることであるが、その「商業性」については曖昧である。

今回の裁判においてＩＣＪは、商業捕鯨とは何かを明示することもなく、先住民生存捕鯨でも調査捕鯨でもないＪＡＲＰＡⅡは、商業捕鯨であるという怠慢と先入観に満ちた判決を下したのだ。そもそも、この裁判で核心とすべき点は、ＩＣＲＷの目的に照らし合わせて、ＪＡＲＰＡⅡの計画と実施が妥当なものであるかを判断することであろう。ところがＩＣＪは、ＩＣＲＷの目的のひとつに「鯨類資源の持続可能な利用」があることを認めていながら、本来、条約違反である商業捕鯨モラトリアムを無条件に肯定して、ＪＡＲＰＡⅡは違反行為であると乱暴な結論に持ち込んでいるのである。

8. 裁判官の反対意見書にみる裁判の欺瞞

おそらく、今回のＩＣＪの審理の過程および判決については、多くの人が筆者と同様の疑念を抱かざるを得ないだろう。ＩＣＪの裁判官のなかですら、大きな見解の相違がある。以下、上記の判決主文の⑤を除くすべてに反対票を投じた裁判官の「意見書」を引用しながら、この章、すなわちＩＣＪ判決の検証の総括としたい。

反対票を投じた一人、小和田裁判官は、ＩＷＣにおける捕鯨国と反捕鯨国の構図が、申立人（オーストラリア）および訴訟参加者（ニュージーランド）と、被申立人（日本）の「法的立場を分け隔てる根本的な溝」だと断じたうえで、「この紛争を適切に理解するため」には、「その趣旨および目的に照らし、ＩＣＲＷの下で創り出された法的体制の本質的な特徴に目を向けなければならない」とし、「その中心的要素としての第八条の下で科学的活動に従事する締約国のために規定される権利と義務の法的範囲を、正しく理解する手がかりとなる出発点」にすべきだと述べている。ＩＣＪの立ち位置として、筆者は全くその通りだと考える。

続けて小和田裁判官は、「私の意見では今回の判決は、ＩＣＲＷ制度の本質的な特徴の分析に従事しなかった」とし、商業捕鯨モラトリアムについては、次のように喝破している。「鯨および捕鯨を取り巻く環境の変化、とくに鯨は尊い動物として保護されるべしという社会共通の関心の高まりに準じて、ＩＣＲＷがここ六〇年間で進化を遂げた」と申立人は主張しているが、「このような議論の立て方は一九四六年に締約国が同意し、ＩＣＲＷが制定したゲームのルールを変える実質的な試みに他ならない」。そして、本件では申立人側からは、「信頼できる科学的根拠に基づいた」議論が「真剣に展開されていない」と指摘する。

反対意見を出した裁判官らは、捕獲サンプル数をめぐる議論にも疑問を投げかけている。ユスフ裁判官は、「私はどのように多数派が『ＪＡＲＰＡⅡの表明された目的を達成するのに標本数が合理的と考えられる（数より）も大きい』（判決文パラグラフ２１２）と結論づけたのか理解できない。判決のどこにも、ＪＡＲＰＡⅡの目的に照らして、標本数が『合理的』とするのに用いられた方法論も基準も示されていない。また、判決ではＪＡＲＰＡⅡの目的に、もっともふさわしい標本数についても提供していない。実際、法廷でこのような決定をすることは困難であろう。これは科学者にふさわしく、法律専門家にふさわしくない」と述べている。法の番人として、まっとうな意見である。

また、ベヌーナ裁判官は、「仮に日本が標本としたすべての鯨を捕獲していたなら、プログラムが『科学的調査の目的のため』であると信頼のおけるものとするに十分であったであろう。さらに、このような事実認定は、致死的調査方法よりも非致死的調査方法を優先するとする先の強調点とも矛盾する」と鋭く指摘する。

今回の裁判においては、誤った出発点から審理が進められ、その過程で論理の飛躍や矛盾があり、納得のいく判決に至らなかったことは、複数の裁判官の目から見ても明らかなのである。しかし、このような結果を招いた要因は、偏見に満ちた審理の進め方をした裁判官だけにあるのではない。それを許した日本側の対応の問題も大きいのである。

9．裁判の対応能力に欠けた日本代表団

今回の「南極における捕鯨」訴訟は、本来であれば日本が勝てる裁判であった。前章で述べたように、ＩＣＪの裁判官の多数派が、最初からの決め打ちと検討の浅さによって審理を進めたのは残念なことであったが、日本側の対応が極めて甘く、油断が多く、不適切であったことも指摘しなくてはならない。

まず、日本政府の代表団は、ＩＣＪの管轄権の議論を持ち出したことである。ＩＣＪに本案を裁く権限が

なければ、これは、豪二〇〇海里の問題と条約第八条が締約国の権利であるとの主張であるが、ＩＣＪとしては本件を政治的に見ても審議したいとおもえば、彼らは管轄権があると断定することは明らかであり、これに国際法学者まで巻き込んで、論を展開することが、むしろ日本側のエネルギーが分散することになったと考える。向こうはそして日本の調査捕鯨の科学的目的のなさや商業捕鯨のモラトリアムの適用など、もっと彼らが考える大きなところにエネルギーを費やしていた。日本は科学目的とは何かをもっと追究するべきであった。ところで日本はオーストラリアの提訴を門前払いできると読んだのであろうか。ＩＣＪに管轄権がないとする日本の主張はあっさりと退けられた。例えて言えば、敵が攻めてくるからと正門はがっしり警備したのに、無人の裏口から相手に攻め入られたようなもので、何ともお粗末な話である。それも正面が正面ではなくどうでも良い入り口で、裏口が正面で最も大事なところであったが、其処をみすみす見逃してしまった。

このように、本案をまともに審理すれば、国際捕鯨取締条約（ＩＣＲＷ）第五条に違反している商業捕鯨モラトリアムの問題に焦点が当てられたはずである。

現在、南極海には五二万五〇〇〇頭のミンククジラが生息しているほか、ナガスクジラやザトウクジラも増加している。北西太平洋の鯨類資源の回復も著しく、これらの事実は、国際捕鯨委員会（ＩＷＣ）の科学委員会で認められている。それにもかかわらず、一九九〇年までに商業捕鯨モラトリアムを見直すという約束は反故にされたままで、今回の裁判でも議論されなかった。

それなのに、日本は、商業捕鯨モラトリアムの違法性（ＩＣＲＷ附表一〇〈ｅ〉）について、事実上、争わないとの重大な過ちを犯した。さらに、「商業捕鯨とは何か」という説明責任を回避したＩＣＪの理論構成は、オーストラリアの言い分をそのまま借用しているのだが、それに対する日本側の反論は全くなかった。その結果、そもそも条約違反である商業捕鯨モラトリアムに照らし合わせ、ＪＡＲＰＡⅡは違法であると結論づけた滅茶苦茶な判決を、日本は諾々と受け入れたのである。

今回の日本敗訴の最大の原因は、日本の対応の焦点が、商業捕鯨モラトリアムの違法性という問題の本質から外れたことにある。日本は世界的に著名な国際法学者を集めたが、結果的に、主張を通す効果的な役割を果たさなかった。本質的な問題以外のところに力点が置かれ、重要点への配慮が不足したことは、裁判に加わった政府代表団の構成にも表れている。

たとえば、日本の捕鯨調査が科学的内容を保持しているかどうかをオーストラリアと争った際、ＩＣＲＷ第八条の法的解釈を法学者に委ねるのみで、実態的な見地から調査は第八条に合致している、重要な科学情報を提供しているとの議論展開を怠った。

日本の強みは、科学議論である。南極海の鯨類資源に関して、長年にわたり実データを積み上げ、それを分析してきた実績がある。それはＩＷＣのみならず、今回ＩＣＪも部分的に認めていることである。

ところが、口頭弁論を行なった日本の代表団には、筆者のように調査捕鯨の作成の陣頭指揮を執った者はおろか、水産庁の行政官も科学者も入っていなかった。これは、筆者が代表団員の一人として証言者となった一九九九〜二〇〇〇年のミナミマグロに関する国際裁判の時とは大違いである　今回、ＩＣＪの判事から、捕獲頭数の根拠や、ザトウクジラとナガスクジラを捕獲対象種にし、その捕獲頭数がどのような根拠で決定されたのかの理由を問われた際、日本はその回答を、ノルウェーの捕鯨に関する第一人者であるオスロ大学のラルス・ワロー教授に委ねた。ワロー教授は、日本の調査の詳細は承知していないとして答えられず、結局、十分に説明できる日本の科学者の証言もなかった。恥ずかしい限りである。

また、口頭尋問で日本の代表団は、捕獲頭数が減ったことについて、「調査のサンプル数は減少したが、調査年数を増やせばいい」と答弁した。資源の健全な鯨類資源は、なるべく多くのサンプルを取り、統計分析結果の精度を挙げるべきである。これは到底、科学的に説得力のある説明とは言えないし、早期にデータを収集・分析して、商業捕鯨再開につなげたいという姿勢も見えない。日本は「科学的調査」の名のもとに、だらだらと捕鯨を続けたいのだろうと反捕鯨勢力に思われるのがオチだろう。日本の政府代表団は、裁判における科学的な対応能力に欠けていたと言わざるを得ない。

さらに、判決文（英語の原文パラグラフ197）では、調査捕鯨が科学調査でないことの裏づけに、水産庁長官の過去の国会答弁が取り上げられている。二〇一二年一〇月、当時の水産庁長官の発言は、「ミンククジラは刺し身などにすると香りや味がよく重宝されており、鯨肉の安定供給上、調査捕鯨は重要」といった内容で、まさに日本のオウンゴールである。

結局、日本は、裁判のさまざまな局面で科学的な説得力を出し得なかったばかりか、相手の土俵で勝手に相撲をとって負けたのである。ＩＣＲＷの目的のひとつである「資源が豊富な鯨類の持続的利用」の主張、および商業捕鯨の違法性を争点に据えて日本が論戦していれば、おそらく中止判決には至らなかったであろう。せいぜい調査計画の変更を求められるだけだったろう。

このように、長い歴史の中で連綿と続いてきた努力も歴史から見れば、一瞬である数年の怠慢と対応の誤りで、それまでの歴史的な積み重ねがうさん霧消してしまう。このことは何も日本の捕鯨の歴史に対する、上述した国際捕鯨裁判への日本政府の誤った、そして誠意のないかつ、プロとは言い難い稚拙な対応にも明確に表れると筆者は考える。本件に携わった、最近の役人の怠慢と情熱と能力の不足には、本当に憤りを感じている人は相当多数に上るものとみられる。

歴史は連続である。それがゆえに、歴史の持つ過去の実績と軌跡に敬意と尊敬をもたなければいけないのである。軽々しく、自らの責任を現在だけの理由で放棄してはならないのである。

国際捕鯨委員会の歴史と国際司法裁判所の敗訴後から国際捕鯨取締条約脱退まで

1．国際捕鯨委員会の歴史

国際捕鯨取締条約（ＩＣＲＷ）とは何か

現在日本の国際捕鯨委員会（ＩＷＣ）からの脱退で日本国内と世界が喧噪している。正式には国際捕鯨取締条約（ＩＣＲＷ）からの脱退である。読者の皆さんは歴史と食文化だけが捕鯨と思っている人も多いのではないでしょうか。そこで国際捕鯨取締条約（ＩＣＲＷ）とは何かについて説明をすることに意義があり、読者のお役に立つと思われます。

捕鯨の管理は南氷洋のシロナガスクジラから始まる。シロナガスクジラ1頭からは一一〇バレル（一バレルは一五九リットルであり一七四九〇リットル）の鯨油が取れ、牛二〇〇頭に相当する鯨肉が取れる。人類にとっても長い間とても利用価値があった。石油の採掘と植物油の生産の増加で、今は必要性が薄いが、鯨油はかつて灯油、食用に利用され、クジラのひげや骨もコルセットや建築の補強材として重宝され、独立前後の米国や入植後の豪とニュージーランドでの主要な輸出品として植民地の経済を支えた。また、日本では、食用としての利用が盛んでこれらの諸国の工業製品としての利用とは大きく異なっていた。西洋は石油などが発見されると、他の産業に投資と労働が移行したが、日本の場合は食用としての利用であったので、需要はいつまでも継続し、投資と労働も伴っていた。しかし経済的な価値がなくなった西洋諸国には鯨類資源はもはや産業材としては必要ではなく、他の産業開発が引きおこす環境汚染を解決するシンボルとしての社会経済的、政治的な価値を持つものに変質していった。そして現在に至る。

戦前の国際捕鯨協定は鯨油生産の調整

現在の国際捕鯨条約は一九四六年十二月にワシントンDCで締結された。日本は、占領軍総司令部（GHQ）の支配下にあり、独立国家ではなかったので、この十五ヶ国が参加した締約国会合には参加していない。この条約は一九四八年から発足し一九四九年から国際捕鯨委員会（IWC）が開催した。日本はこの会合には参加を認められなかったが、サンフランシスコ講和条約の発効後の一九五一年から正式な加盟として参加が認められた。

ところで、戦前の南極海の捕鯨が最大の捕鯨であったが、その海域で捕鯨を行っていた二大捕鯨国がノルウェーと英国であった。彼らは無制限に捕鯨を行うと鯨油価格が大幅に下落するのではないかとの不安を抱き始めた。そこで鯨油生産の抑制目的のためのカルテル行為を行うことを目的にノルウェーと英国の捕鯨業界が民間協定を一九三二年に締結した。これはBWU（シロナガスクジラを一頭に換算して、ナガスクジラ二頭、ザトウクジラ二・五頭でイワシクジラなら六頭と換算したもの）を設定した鯨油の生産カルテルであった。何も決めないより良かったとの程度のものであった。

ノルウェーから捕鯨技術を学んだ日本は一九三四年から、ドイツは一九三六年から南氷洋に船団を派遣した。これに脅威を感じたノルウェーと英国は十二ヶ国に呼び掛けて捕鯨国会議を招集したが、ドイツは参加したが、日本は参加しなかった。

この結果、一九三七年に九ヶ国が参加して国際捕鯨取締協定(International Agreement for the Regulation of Whaling)が締結された。この協定では、南氷洋における操業の開始日と終了日が決定し、セミクジラとコククジラの捕獲禁止が決定した。また捕獲頭数をノルウェーのベルゲンにある国際捕鯨統計局に届けることとなった。

国際捕鯨取締条約（ICRW：International Convention for the Regulation of Whaling）の締結

この条約は基本的に南氷洋における鯨類の保存と管理を目的に締結された条約であり、北西太平洋や大西洋の捕鯨の規制を主たる目的としたものではない。第二次世界大戦中は捕鯨が停止状態であったが、戦後すぐに南氷洋捕鯨は、再び活発となった。食用の油脂は不足し鯨油の増産が緊急の課題であった。そこで米国主導で、国際捕鯨取締条約（ＩＣＲＷ）が締結された。十五ヶ国が参加したが、敗戦国の日本は招待されなかった。だから日本の近海に生息するツチクジラは、専門家が参加しなかったのでＩＣＲＷの規制の対象とするリスト（ノーメンクラチャー）に掲載されず規制の対象外となった。ＩＷＣは一九四八年に組織され、一九四九年に第一回の総会がロンドンで開催された。日本の参加はサンフランシスコ講和条約締結後の一九五一年からである。この条約は戦前の国際捕鯨取締協定の理念を受け継いだものとなったが、持続的利用の原則が色濃く反映された。

同条約は「捕鯨産業の健全な発展」を意図した条約であった。また条約第五条には科学的根拠に基づく捕鯨を標榜している。まだ同条第三項では異議申し立て権を締約国の権利として認めている。これは、それまでの反省に倣い、加盟国の脱退を防ぐ目的で設定されている。また第八条は科学調査捕鯨を実施する締約国の権利を規定している。この条項は商業捕鯨の行き過ぎを防止するために、捕獲したクジラから十分な科学データを収集することを目的に設定された商業捕鯨の抑制条項でもある。

ところでノーメンクラチャーには大型鯨類のシロナガスクジラ、ナガスクジラ並びにミンククジラなど十三種が規定されており、これらが国際捕鯨取締条約の規制対象の鯨種である。

BWU管理の失敗と一九五九年の日本の脱退騒動

IWCは当初第二次世界大戦前のBWU（Blue Whale Unit：シロナガスクジラ単位。1BWU＝シロナガスクジラ単位）を一万六千頭と定めて管理をしてきたが、これは資源量に基づき設定されたものではなく、管理の役割を果たさず、単に戦前の鯨油生産の八十％レベルの数値であった。このために鯨類資源はシロナガスクジラとナガスクジラを中心に急速に減少した。一九六二、三年の漁期から新興国の日本や旧ソ連の拡大する捕鯨国を抑制するために国別割当制が導入された。

ところで、この国別割当制は一九五九年にその導入が検討された。過去の実績で捕獲枠が決まればノルウェーやオランダは有利であったが、捕獲を伸ばしつつあった日本には不利であった。そこで日本は、自由な操業を目指したICRW条約からの脱退を決定し、その通知まで完了した。しかし、米国などに説得されたことや戦後、国際社会に復帰して間もないことから脱退通告を撤回した。一九六二年に捕鯨国は国別割当に合意したが、加盟国が決めるのではなく捕鯨国の業界が決める「業界の自由主義」がはびこった。そして、資源の乱獲は続き一九七二年にはBWUは戦後直後の一万六千BWUからわずか十五%の二千三百BWUになり、その後これを廃止し、鯨種ごとの割り当てに移行した。一九六四年にはノルウェーと英国の捕獲がほとんどを占めたシロナガスクジラが禁漁となり一九七二年にはナガスクジラが禁漁となった。

新しい鯨種管理へ

一九六〇年IWCは科学に基づく鯨類資源の管理を決定し、三人委員会を設立した。捕鯨国ではない中立の国とFAO（Food and Agriculture Organization of the United Nations：国際連合食糧農業機関）の国際機関から選んだ。日本もこの委員会に資金とクジラの年齢に関する膨大なデータの提供を行った。この委員会は

ＢＷＵの廃止を決めて、鯨種ごとの管理を導入した。

一九七五年には最大持続生産量（ＨＳＹ）の概念を持ち込んだ新管理方式（New Management Procedure）が完成した。これは、資源量がある水準を超えていれば資源を維持しながら捕獲を認めるものである。しかし、理論上は初期資源量の六十％以上の水準ではないと捕獲が認められないことと、この方式に挿入するべきデータがなかったことであり、この方式を適用することをやめてしまった。しかし、真の理由は、この時点で捕獲がほとんど行われていなかったミンククジラの捕獲枠が算出され、これを対象として捕鯨が可能となったことが、米国など反捕鯨国が気に入らなかったことが理由であり、反捕鯨国は一九八二年に強引に商業捕鯨のモラトリアムを決定することになる。

一九八二年商業捕鯨モラトリアムの採択

一九八二年反捕鯨国の強引な加盟国加入工作によってＩＷＣ総会において商業捕鯨のモラトリウムが採択された。この決定は、前述のように、まったく科学的な決定ではなく、政治的な反捕鯨国の思惑を反映したものであった。科学的にみれば、ミンククジラとマッコウクジラは捕獲枠が算出され捕鯨が可能であった。欧米社会は、クジラは滅びゆく野生生物の象徴であった。

そこで産業しては捕鯨を必要としなくなった反捕鯨国は環境保護と野生生物の保護の象徴としてクジラを

とらえ、世論に訴えかけようとした。地球上の野生生物を絶滅に追い込んだのは、欧州から北米、南米と豪並びにニュージーランドに入植した人々であることは歴史上、生物学、地理学並びに人類学上の明白である。しかし、南氷洋で、クジラを食料資源として、一〇〇%近く利用していた日本は、経済的な採算も維持可能であって、操業を継続できたがゆえに、欧米諸国の餌食にされた。野生生物の持続的な利用が否定されたのであった。

国際鯨類調査十ヶ年計画の実施

南氷洋は鯨類資源が世界で最も豊富に存在するところである。商業捕鯨モラトリアムも「一九九〇年までにはゼロ以外の捕獲枠を決定することを検討する。」と明確に記述されている。そこで、日本は、ＩＷＣの科学委員会の計画の下で、一九七八年から目視調査船を提供して、ミンククジラなどの資源量の調査を開始した。南氷洋を二周して、ＩＷＣの科学委員会では一九九〇年の科学委員会では七十六万頭と合意された。この数字は最近では新目視調査の下で、五十二・五万頭という数字に変更されたが、双方とも捕鯨の再開には十分すぎる膨大な資源量である。

改訂管理方式（Revised Management procedure）の開発と完成

改訂管理方式は、新管理方式の反省を踏まえて、データが、現在の資源量とこれまでの捕獲頭数のデータがあれば捕獲枠を算出できるという方式である。一九八七年からのその開発が始まり一九九二年五月に完成した。この方式の特徴は鯨類資源の管理海域をきわめて狭くとる、例えば南氷洋では統計一〇度ごとに、いかなる場合でもクジラを絶滅させないとのメカニズムを入れ込んでいた。クジラの経度方向の広がりはどう見ても四〜六〇度はあるのに一〇度とは捕鯨を再開させない意図を持った細切れの海域設定であった。それでも七十六万頭の資源量に対しては二千〜一万頭の捕獲枠が算出された。クジラの年間の繁殖率が約四％、すなわち七十六万頭に乗じて得られる三万頭から見れば二千頭はわずか十五分の　である。それだけ、保護に偏った管理方式であった。それでも、捕獲枠を算定させないとの反鯨国の思惑は外れた。日本が調査捕鯨を行ったのは、捕獲枠を、現実的な鯨類の生物学的特徴に合わせて二千頭の捕獲枠を資源は安全に管理しながら少しでも大きくする意図があった。第一期の南極海鯨類捕獲調査ではミンククジラの管理単位は一〇度ごとではなく四〇度程度で問題がないとの生物学的結果を得ていた。また、仮定の数字とした年間繁殖率もＩＷＣの科学委員会がとりあえず使用した年間一％の増殖率以上の数字であることを示していた。このように南極海での捕鯨の再開に必要なデータもすべて出そろった。しかし一九九二年改訂管理方式は採択されたものの、その同時に反鯨国が中心となって、捕鯨国に監視員乗船の経費を負担させる意図が明らかであった国際監視員制度の完成（ＩＷＣにはすでに一九七八年から導入されて、違反操業が全くなくなった国際監視員制度は存在していた）などを条件とする「改訂管理制度」なる新たな提案を採択して、商業捕鯨の再開をさらに先送りした。

一九九二年南氷洋サンクチュアリーの提案

このように、ミンククジラの資源の健全性が判明し、そして改訂管理方式が完成し、南氷洋での捕鯨の再開が現実味を帯びてきた一九九二年に突如フランスが、南極海での捕鯨を全面的に禁止する提案を提出した。これは「資源の状態にかかわりなく、南氷洋での鯨類資源の捕獲を一切禁止する」との内容であり、これは国際捕鯨取締条約の第五条（科学的根拠に基づいて捕獲枠を設定する）に違反する。一九九四年のＩＷＣ総会で採択されたので日本は直ちに異議申し立てを行った。これは条約付表の第十条（ｅ）商業捕鯨のモラトリアム条項と並んで日本がその不法性を国際社会に訴えるべき不当な決定である。

二〇〇二年下関総会と米国ダブルスタンダードとの戦い

日本政府は暮れの十二月二十五日に国際捕鯨取締条約と国際捕鯨委員会からの脱退を、十分な議論と健闘は無しに決定した。その前に水産庁と外務省の役人は、困難な仕事から手を引きたいと思っていたとみられる。

日本の捕鯨の交渉力のピークは二〇〇二年五月の下関で開催された第五十四回国際捕鯨委員会（ＩＷＣ）総会の時であった。アイスランドが国際捕鯨取締条約の第五条第三項に基づき、一九八二年に科学的根拠に反して採択された「商業捕鯨のモラトリアム（一時停止）」に対して異議申し立てをつけて加盟申請をしたことに対して、スウェーデン出身のＩＷＣ議長と米国他反捕鯨国が同国を正式加盟国ではなく、オブザーバーとして扱うことを提案して、日本などの反対にかかわらず採択された。怒ったアイスランドは二日目には本国に帰国してしまった。その後、日本の沿岸捕鯨の再開を求める裁決は二十票対二十一票で敗れた。アイスランドがいれば半数に初めて達したところだった。日本提案を否定しておいて、米国は自国の原住民生存捕鯨への支持を求めた。そして、米国のダブルスタンダードの象徴たるアラスカの原住民生存捕鯨の採決を、太平洋島嶼国とカリブ諸国と西アフリカ諸国の結束とイニシアチブで否決した。

2. 日本捕鯨の衰退の始まり

日本の捕鯨の基本姿勢の弱体化の始まり

しかし、米国はその年の十月十四日のＩＷＣの事務局がある英国のケンブリッジの特別総会の開催を要求し、日本の代表団は筆者を意図的に抜いて参加した。経済局長の佐々江賢二（その後駐米大使となった）氏が原住民生存捕鯨のコンセンサスには日本は反対しないというこれまでの科学や条約論を覆す日本の対処方針をわれわれ水産庁の交渉当事者とは事実上議論しないまま手渡した。この時から、日本の捕鯨の衰退と崩壊が始まった。日本の沿岸捕鯨は認めず米国のダブルスタンダードの捕鯨は許すことを許容した。筆者が既に捕鯨担当者ではなくなっていた五年後の原住民生存捕鯨の捕獲枠の再検討の際も日本は、米国の口車に乗って米国の原住民生存捕鯨を率先して支持したが、米国は日本の沿岸捕鯨を再開することをしなかった。それで米国に裏切られたと思ったと語るが、それは無垢純朴（ナイーブ）である。米国は最初から日本を支持するつもりはなかったのである。そして、その米国に対して、日本はさらに輪をかけた誤りを犯す。南氷洋からの撤退とノルウェーとアイスランドの現在の捕鯨まで犠牲にして、日本の自国の二〇〇海里内のわずか百二十頭のミンククジラ小規模な商業捕鯨の再開を求めることに支持を得るための共同歩調を取ることをお願いするのである。日本と捕鯨国の真の国益を理解していない。しかし、日本の代表が米国と共同で作り上げた日米共同提案（のちにＩＷＣの議長提案と名称を変える）は南氷洋からの事実上の撤退、調査捕鯨の権利を放棄、商業捕鯨モラトリアムの是認とモラトリアムへの異議申し立て権を放棄する内容を持ったものである。この内容であれば、日本の捕鯨は大幅に後退する。そして南氷洋でのミンククジラ二百頭では、南氷洋からの撤退と同じである。すなわち、日本政府は二〇一〇年六月、この提案の内容が提示されたときにはすでに、南氷洋の捕鯨から撤退して、日本の二百海里水域内の捕鯨に限定することを決めていたと考えられる。南極海は鯨類資源が最も豊富で商業捕鯨が現実的に再開可能で規模も最も大きくなる。

ＩＣＲＷから脱退しようと留まろうと、日本の役人は鯨類資源の持続的な利用には所詮興味が薄く、南氷洋での妨害に対して、南極海での捕鯨を維持することに疲れ切っていたのであろうか。役人に愛着と情熱を持って捕鯨政策にあたれといったら過酷だろうか。

それでは一体、これまでの戦前の一九三四年から南極海の捕鯨を維持してきた、商業捕鯨のモラトリアム採択後は、鯨類捕獲調査（調査捕鯨）で長い間、そのプレゼンスを維持してきた努力はどうなったのであろう。

だから二〇〇五／六年から開始された第二期の南極海調査捕鯨に関しても全く計画通りに実行しなかった。鯨肉の在庫がたまり、そしてシーシェパードの妨害が激しくなると、それを逆に利用して、南極海の捕鯨を縮小する口実に使ってしまったと考えられる。一時このことを朝日新聞にすっぱ抜かれたが、それを朝日新聞社には謝罪文を要求し、掲載させたものの事実は変わらなかった。九百三十五頭のミンククジラのサンプル数に対して、初年度と二年度は五百頭を超えて捕獲したがその後は一～二百頭の捕獲であった。二〇一一年には百七十頭しか捕獲せずに、妨害に被れ、鯨肉の在庫の処理を優先したのか、さっさと帰った。この時には乗組員も科学者も南極海にとどまることを強く願っていたが、政府はその選択肢をとらなかった。

南極海の捕獲調査が計画通り実行できないなら、実行できるようにするか、そのためには水産庁の用船ではない正規の取締船を南極海に派遣するか、海上保安庁の巡視船を派遣するかの選択肢があったが、そのいずれもしなかった。その代わり、大型の予算をつけて、旧捕鯨船を取締船の代わりにし、母船の日新丸に、海上保安庁の役人を乗船させて、シーシェパードの行動に警告し抑制するのではなくむしろ日本の船団の行動を抑制したと言われる。自民党や民主党の政権党も積極ではなかった。

目的が矮小化した現調査計画

二〇一五／一六年から開始した南極海鯨類調査計画（ＮＥＷＲＥＰ－Ａ）は、改訂管理方式を適用した南極海ミンククジラの捕獲枠算出のための生物学的情報等の高度化が目的でサンプル数が三百三十三頭と縮小した。

ところで、二〇一四年三月の国際司法裁判所（ＩＣＪ）の判決は、我が国第二期の南極海調査捕鯨計画（ＪＡＲＰＡ）は①南極海生態系のモニター、②鯨種間の競合の解明、③クジラの系統群の時空間構造の解明と④ミンククジラ管理方式改善の目的はＩＷＣの科学委員会などが定めた決議にも合致していると評価した（ＩＣＪ判決パラ１２７）。

問題は、ＪＡＲＰＡⅡになっても欠点は、八百五十頭プラスマイナス10％と算出されたミンククジラの捕獲は約五百頭で、シーシェパードの妨害以前から、捕獲頭数が大きく削減し、その後は一～二百頭程度。ナガスは合計十八頭、ザトウはゼロで捕獲削減と停止理由の科学的な説明がされなかった。日本代表団は口頭尋問で「調査のサンプル数が減少したが、調査年数を増加させればよい」と答弁した。また、二〇一二年十月の衆議院決算委員会での水産庁長官の「調査捕鯨は刺し身でおいしい鯨肉の安定供給上重要」発言も不利に作用した。（ＩＣＪ判決パラ１９７）

以上のことから、条約八条第一項の科学調査ではないとされ中止に追い込まれた（ＩＣＪ判決パラ２２７）。いったい日本の行政と科学者は何をしていたのか。そして政府代表団は口頭弁論で何を説明してきたのであろうか。計画通り実施し、裁判の代表団構成も適切に対応していればＪＡＲＰＡⅡは裁判で敗訴することもなかったろう。自滅である。

加えて、日本政府は資源が豊富な鯨類資源の持続利用の主張とＩＣＲＷ付表第十（ｅ）項の違法性を争っていない。（ＩＣＪパラ２３３）商業捕鯨モラトリウムの違法性を争っていればで中止判決に至っただろうか？むしろ商業捕鯨のモラトリウムが違法であるとの判断をＩＣＪが下したかも知れない。

現調査で何を達成する。撤退か？

目的がＪＡＲＰＡⅡから大きく後退縮小し、調査デザインは不明瞭で、サンプル数の算定は、前計画のような短期間に成果を出し捕獲枠の算出につなげる意図もない。

また、ナガスクジラとザトウクジラがミンククジラの性成熟などに影響を与えていると指摘しておきながら捕獲をしない。これでは南極海生態系の構造解明は不可能である。

ミンククジラだけに限定し、国内の鯨肉需要に焦点を合わせた妥協の産物とみられることから、科学の恣意的な活用で科学性は喪失する。これまでもその場しのぎの対応で後退を重ね、更に二〇一〇年のＩＷＣ議長提案への関与で調査と商業捕鯨の可能性を狭めた。

ナガスクジラとザトウクジラの急増

二〇一五年三月に約六年ぶりに南極海に鯨類目視調査に従事した「勇新丸」と「第二勇新丸」が、山口県の下関港に入港した。六年間も日本は南極海での適切で科学的に有益なレベルの鯨類目視調査活動を怠った。シーシェパードの妨害の予防を口実に近代的な採集船二隻を妨害予防に充てていた。そのために従前に重要視していた、大型鯨類の目視調査とオキアミや魚類の餌生物と鯨の捕食調査が実施できなかった。

第Ⅳ海区（東経七〇度から一三〇度で南緯六〇度以南）の調査ではザトウクジラが八三七群一七四三頭とミンククジラの一二八群一六五頭の十倍以上も発見されたことである。ザトウクジラ三十〜百頭の群は餌の密度が濃いことの傍証であり、ナガスクジラも一〇四群二三六頭と一頭群れの多いミンククジラの二倍である。このことは、ミンククジラがもはやその位置が低下したことを示す。ザトウクジラは南緯六十五〜六十六度付近のミンククジラの主要索餌場にミンククジラより先に到着しその空間と餌を占有している。また、ナガスクジラも南緯六十〜六十五度の間に南下繁殖しこの空間と餌を占有して、最も資源の豊富な南極オキアミを捕食しているであろう。

南極海の現調査計画は根本的に不適切

主役はミンククジラではなくザトウクジラとナガスクジラに変容したことが分かったのが今回の目視調査

結果である。

ところでＪＡＲＰＡⅡは変容する南極海鯨類生態系の解明を目的していた。そしてザトウクジラとナガスクジラの捕獲を入れ込んでいた。しかし、現在の三百三十三頭のミンククジラのみを捕獲の対象とした捕獲調査は、南極海鯨類生態系の主要鯨種の構成から見れば、解明すべき主対象と目的から外れた調査である。

変わりゆく南極海の鯨類生態系の総合的な解明が急務であると考える。新計画には資源が増大するザトウクジラとナガスクジラの捕獲は必須である。ミンククジラだけの計画はもはや調査の目的足りえない。また、実行のためには、新母船建造もいつまでも怠ってはいけなかった。海洋・持続的捕鯨国として責任を全うするならばやることはたくさんあった。

不足する船舶と調査体制

二〇一五／一六年の調査は、広すぎる海域第Ⅲ海区から第Ⅵ海域までのうち第Ⅳ海区と第Ⅴ海区に集中して行うが、船団の構成は、非常に貧弱である。採集船勇新丸と第二勇新丸のたった二隻である。加えて母船の日新丸のほか、目視専門船として第三勇新丸が使われる。そのほか、調査取締船として第二昭南丸が参加する。第二昭南丸はもともと、目視専門船としてＩＤＣＲ（International Decade of Cetacean Research：国際鯨類調査10ヵ年計画）やＳＯＷＥＲ（International Whaling Commission-Southern Ocean Whale and Ecosystem Research：

南大洋鯨類生態系調査）に使った調査船であり、シーシェパードの取締船としてのみ使うのはもったいない。その根拠が、取締船としての予算要求をした机上論で、南極海での調査のニーズには無視される。

新南極海調査計画では、日本は二隻の目視調査を実施すると明記したが、一隻しか配属されない。調査対象海域の北部海域と南部海域を同時に調べてこそ、目視調査の意味があった。

新調査計画は百三十日間の調査期間を設定した。これでも、もともと目視調査日数が足りないが、国内予算の制約から百十五日と更に縮小した。これでは目視調査の精度と努力量が大幅に落ちて、ミンククジラの資源量の推定値やナガスクジラやザトウクジラの資源量推定の有効な推定精度が得られなかった。現在ではこの二鯨種の資源量と　バイオマスはミンククジラのそれらの資源量とバイオマスを大幅に上回っている。

ミンククジラはこれら二鯨種から、空間と餌場を圧迫されておりミンククジラの安定的持続的な資源の利用の上でも極めて重要な情報となる。そのことを放棄した科学的に見ても欠陥だらけの調査である。

鯨肉の供給不足

又昨今の副産物である鯨肉の供給の状況を見ると、国際司法裁判所（ＩＣＪ）の敗訴の判決で、調査捕鯨を一年間中断、日本の調査捕鯨から得られる副産物の供給が非常に落ちており、それを国内に在庫を一掃したと喜んだそうだ。そして、其れまで反対してきたアイスランドからの鯨肉の輸入を捕鯨関係者は関与する状況に転じた、どたばたである。年間約九百トンのアイスランドのナガスクジラが輸入される。ところで、南極海のミンククジラ捕獲計画が八百五十頭から三百三十三頭に激減し、他の鯨種の捕獲もなく、北太平洋では、イワシクジラが一〇〇頭に対して九十頭に削減したほか、何ら科学的な根拠なく、国際司法裁判所のコメントに配慮したとして、ミンククジラの沿岸域も百二十頭を約百二頭に削減、沖合域のミンクは全く捕獲しなかった。更にマッコウクジラの捕獲数もゼロである。(二〇一四～一六年)これでは、科学的な目的達成のためにサンプル数を設定した調査の目的の達成を果たすことができない。

逃げの外交と補助金の投入

また日本政府は、国際司法裁判所判決を受け国際捕鯨条約の係争を含め海洋関係の国際紛争については、国際司法裁判所では、裁判に応じない旨を決定したが、本末転倒ではないか。裁判は、係争案件の実施内容が充実し、説明責任も果たして初めて勝訴の可能性が高まる。日本の南極海の調査捕鯨のように最近十年間はまともな調査の実施も科学的評価も、そして国内外に対して説明もしないものが、国際司法裁判所を避けて国際海洋法裁判所で勝訴の確率が高まるものではない。

二〇一八年十二月二十五日に菅官房長官は日本の国際捕鯨取締条約からの脱退を表明した。そして七月以降日本が本条約に拘束されないことになる。それが商業捕鯨の再開というが、二〇一九年度も、一方的に宣言した二百海里内の商業捕鯨に約五〇億円の補助金が投入される。二五〇〇トンの鯨肉生産、約二五億円の売り上げに対して、五〇億円の補助金が投入される。これは本当に日本人が必要とする捕鯨ではないと考えられる。

捕鯨からの撤退のカウントダウン…日米合意作り

二〇〇七年、アンカレッジで、日本の沿岸捕鯨の再開の提案が否決されてしまった。そこで日本は、自力での捕鯨再開への道を忘れ、米国にすがることにした。米国行政府内の一部の担当者が何を約束しようと、基本的にはいかなる捕鯨（自国の原住民生存捕鯨以外）は認めないとの主義であり、この政府に頼っての捕鯨再開はあり得ないのである。あるとすれば、米国の捕鯨と日本の捕鯨の間で明確な取引をすることであり、日本の南氷洋と北太平洋の沿岸捕鯨との間の取引などは、米国にとっては何の興味もなく、また、国益を揺るがすものにもならず、真剣に取り合うものとはならないのであるが、日本の慣れていない交渉者には、この点がわからないようである。むしろ日本が南極海を譲れば、北太平洋で譲歩が得られるとの錯覚をするが、これが今回の脱退論の中にも登場するので何の学習効果もないのである。次の表にあるように、日本は譲りっぱなしであるが、これは、日本と世界の持続的捕鯨を達成しようとする意図も意思も見て取れない。むしろ日本が、南極海から撤退したいし捕鯨をやめたいとの内容と読める提案である。そのことが今回の脱退論に、

2010年6月のIWC議長提案

条約上の規定	日本の態度	矛盾点
調査捕鯨		
8条	行使せず	⇒科学的根拠の喪失
商業捕鯨		
5条1項（モラトリアム）	是認（10年間延長）	⇒モラトリアムは不必要との決議（2006年のセントキッツ宣言）に反する
異議申し立て		
5条3項	行使せず（アイスランド、ノルウェーは行使）（日本の1985年撤回）	⇒条約上の権利放棄
南大西洋サンクチュアリ		
	是認	⇒科学的根拠に反し条約違反
貿易		
ワシントン条約	是認	⇒ IWCの権限外との立場に反する

【表1】正副議長案に合意した場合の矛盾点

			現行	最終
日本	南極海	ミンククジラ	935（実施不可能）	200
		ナガスクジラ	50	5
		ザトウクジラ	50	0
		合計（A）	1,035	事実上0
	北西太平洋	ミンククジラ（沿岸）	120（付け替え）	120
		ミンククジラ（沖合）	100	40
		ニタリクジラ	50	12
		イワシクジラ	100	50
		マッコウクジラ	10（漁業競合が不可能）	0
		合計 (B)	380	222
		合計（A）＋（B）	1,415 84%減	事実上222
アイスランド		ミンククジラ	200	80（ナガスクジラはミンククジラの10倍）
		ナガスクジラ	150	80
		合計	350 54%減	160
ノルウェー		ミンククジラ	885 32%減	600
		(2010年繰り越しで1,286)		

【表2】正副議長提案　捕獲頭数

その延長として結びつくと考えられる。

脱退したところで、二〇〇七年から始まり、二〇一〇年六月のＩＷＣ議長提案としてＩＷＣ総会に提示されたものが、その本質において消えるものではない。日本は捕鯨を、海洋水産資源の持続的な利用を、シーシェパードの暴力と、豪とニュージーランドの南極大陸と南極海二〇〇海里は自分のものであるとの自国の利益の中心主義により主張に屈して、面倒になり、放棄したい話のように見える。

3．末期への突入

二〇一八年九月ブラジル・フロリアノポリス総会の判断ミス

本会合では、率直に言って、非現実的な提案を行った。意思決定要件の緩和や持続的捕鯨委員会の設置などを条約改正で要求するするならば、国際捕鯨取締条約本体の改正には総会ではなく締約国会議が必要で、今回会合での検討では改正はできない。

また商業捕鯨モラトリアム条項の付表十（ｅ）項をそのままにして捕鯨を一部解除する付表十（ｆ）項には新たな文言を加え「モラトリアムを一定条件下で無効化する」旨を書き込む必要がある。モラトリアムの効力を弱める案には、必ず反捕鯨国が反対する。日本提案の付表十（ｆ）項改正に最低限必要な四分の三の得票も不可能だ。このような本来必要な手続きを無視して単純に決議を提案したところで過半数が必要である。

また、仮定の話として日本提案が通っていたとしても、日本に不利な展開になっていたであろう。IWCに反捕鯨国の方が多い現状、過半数での意思決定では、鯨類保護策が通りやすくなってしまっただけである。

私が交渉官なら、日本が持っている調査捕鯨や目視調査で得られた科学情報を最大限生かす。小手先の脱退も含め手続きの対応ないし改正で反捕鯨の他国頼みや対話の拒否はやめることだ。自国の排他的経済水域（EEZ）での資源が豊富なミンククジラとニタリクジラの持続的な商業捕鯨復活はICRWを脱退せずに加盟国としてとどまってもできることである。要は商業捕鯨の再開のために必要な四分の三の多数の賛成に期待しない。すなわちIWCの決定に何ら期待しないことである。ICRWの日本が必要とする条項を積極的に活用すればよいのである。それは条約第八条であるし、第五条三項（商業捕鯨モラトリアム対する異議申立て権の活用である。）そして北西太平洋と南極海の調査捕鯨を海洋生態系総合調査に根本的に組み替える。そして、芸種間の競合の鯨種調査のため鯨種の拡大と魚類の捕食の調査を仕掛けるだろう。二〇〇海里内の捕鯨については現在の商業捕鯨モラトリアムはそれが科学的根拠に反しているとの立場をとり、第五条第三項を保持する立場を明確に宣言して、二〇〇海里内の捕鯨を開始すればよい。何も脱退して、日本の捕鯨を無条約状態の危険にさらす必要はなかったのである。

脱退なしでできる二〇〇海里内捕鯨

私なら資源量の多い鯨種…ミンククジラかニタリクジラについて持続的な商業捕獲を再開する提案を行う。前段階として、それを認めるよう米国などに交渉する。

国連海洋法条約上、自国ＥＥＺ内であればその国の管轄権下にあると解釈される。また、海洋法条約では鯨類の捕獲に適当な国際機関の管理下協力するとの文言はあり、文言を盾に反捕鯨国が「国際機関＝ＩＷＣでは商業捕鯨モラトリアムを定めている」批判してくるだろう。だが、商業捕鯨モラトリアムには一九九〇年までに商業捕鯨の再開を検討する旨が書きこまれており、それが実現していない。南氷洋のミンククジラや北大西洋のミンククジラ、ニタリクジラ、またノルウェーやアイスランドが捕獲中の大西洋の鯨類は資源が健全だ。これらをもとに「三十年近くも約束を果たさない商業捕鯨モラトリアムは無効」との態度を日本として取ればよい。商業捕鯨のモラトリアムの無効性を理由に国際裁判を仕掛けるとしたら、反捕鯨国にもリスキーだ。裁判で日本の主張通り「モラトリアムが無効」との判断が下れば、韓国や北欧などが堂々と商業捕鯨を展開し、鯨肉貿易も自由にできる。

豪などが日本のＥＥＺ内の捕鯨の実施を止めるために、国際裁判となれば商業捕鯨モラトリアムを争点となるリスクを米国などが当然に承知するので、彼らも敗訴が怖い。だから「日本の自国ＥＥＺでの捕鯨を認めよ」とけん制すればよい。それだけの行動をするには、政府や外務省に相応の度量が求められるが。しかし、この選択肢のほうが脱退より、よっぽど現実的で、法的な根拠が強く裁判になっても勝ち目が強い。

海洋生態系の調査への鯨種の拡大とは

現状で対象としているミンククジラ、クロミンククジラとイワシ鯨以外に、近年対象から外してしまったニタリクジラ、ナガスクジラ、マッコウクジラなどを再度捕獲し、より広範な海洋生態系総合調査を行うということがむしろ将来の捕鯨のあるべき姿であろう。

現在、反捕鯨国は「鯨を殺さず皮膚片を採取するバイオプシー調査などで、捕獲調査しなくても鯨類の資源量を調べられる」と言い、「鯨を殺して妊娠率などを見なければ、精密な資源の生物学的特性値の推定は不能」とする日本と反目している。捕獲の必要性を訴える小さな穴に入り込むべきではない。技術開発が進めば、バイオプシーで得られれが肉片などでＤＮＡ分析ができる可能性はあるが単にそこまでで、生態系の大規模な総合調査などできないのだ。

そもそも、現状で調査対象外の鯨種も含め、鯨類資源は豊富にある。調査で資源量を減らすことはない。そして調査費用を払っているのは日本。バイオプシーなどの調査手法を開発すべしと反捕鯨国が言うなら「現行の捕獲調査方法で問題がない。費用と時間をかけるのは反捕鯨国が自国の予算と調査船でやってくれと強く主張するべきだ。鯨肉で稼いだ調査費用は、石油産業や畜産業で稼いだ反捕鯨国の税収よりも環境に良い」。

また、鯨は多くの餌を食べ海の生態系に影響力を持つ。サケやサンマとスケトウダラが不漁だが、クジラはこれらの魚種を大量に捕食する。漁業生産大幅な減少や温暖化の進行など海の環境が確実に変わってきている今、鯨を通して海の生態系全体を研究し、生態系を守りながら水産業と水産加工業などの地域産業を成り立たせなければいけない。「海洋生態系全体の研究・保全」に貢献する。それが海洋国家として日本がするべき貢献だ。そのための調査捕鯨である。単にミンククジラやニタリクジラの捕鯨のための捕鯨の再開の矮小な目的は時代の要請からは大きく外れる。

鯨類が漁業資源の減少に影響を与えている可能性だ。鯨がどれだけの資源を食べ人間と競合しているのか、世界に分かりやすく示していけばよい。

実際、鯨類が放流したばかりのサケの稚魚を食べているという研究結果が米国で出ており、サケやスルメ、サンマ、スケソウダラなども捕食している。またマグロ類の餌となるイワシやサバも捕食する。鯨を生物種一つとして独立・単独として考えるのではなく、生態系の「食う・食われる」中での位置づけを大局的に考えるべきだ。鯨類の資源量が豊富な場合はこれらを適度に間引き、餌となる生物種の資源量とバランスを取る発想が必要となる。特に魚類の資源量と漁獲量が大幅に減少している現在はそのニーズは高い。

これからの時代は単一の魚種、漁業だけで考えるのではなく、環境の変化を捉え、生態系全体を見て、バランスよく科学的に総合的に漁業資源を管理する必要が出てくる。

日本の国際捕鯨取締条約（ICRW）からの脱退

菅内閣官房長官は十二月二十六日、日本のICRWからの脱退を表明した。これは戦後一九五九年の脱退表明に続いて二回目となる。先回一九五九年は米国からの説得に応じてその後脱退を撤回している。官房長官談話での脱退理由の中心を占めるのが「IWCが商業捕鯨のモラトリアムの見直しを行わず、我が国が努力してきたが、その努力に報いず、遅くとも一九九〇年までに行うと約束していた見直しを行わなかったことである」としている。また二〇一八年九月に開催されたブラジルのフロリアノポリスで開催された第六十七回IWC総会でも「条約の目的である捕鯨産業の秩序ある発展という目的はおよそ顧みられることはなく、鯨類に対する異なる意見や立場が共存する可能性すらないことが、誠に残念ながら明らかになりました。」とその理由を説明している。

そして今後は脱退の効力を有する二〇一九年七月以降我が国が行う商業捕鯨は日本の「領海と排他的経済水危機に限定して、南極海・南半球では行いません。また、IWCで採択された方式で算出される捕獲枠の範囲内で行います」としている。

ところで、日本の二〇〇海里内に限定して、改訂管理方式に「基づいて捕獲枠を算出するならば、」なぜICRWから脱退する必要があるのか。二〇〇海里の捕鯨は上述のように自国の責任で、IWCにとどまり実施した方が法的、科学的に相対的に盤石だ。そして国際捕鯨取締条約の真の対象であり、また、鯨類資源が最も豊富で、利用・保護の象徴であり、また、日本の捕鯨再開運動の中心であった南氷洋捕鯨といともあっさりと放棄する必要は全くない。なんでわざわざＩＣＲＷからの脱退は全く必要がなかった、むしろ失うものが大きすぎるといわざるを得ない。

ＩＷＣ総会での詳細は不明であるが、諸先輩が営々と築き上げてきた努力、データの蓄積と国際社会での忍耐とその信頼を一気に崩壊させる決定である。

重要なのはＩＷＣからの脱退ではないことである。日本の捕鯨と調査捕鯨の根拠となった国際捕鯨取締条約（ＩＣＲＷ）からの脱退である。この条約は、日本にも多くの利益と庇護をもたらした。また今後ともその条約の解釈と日本の立場表明の方法とその如何によっては、多くの利益と便益と立場の保護をもたらすのである。ＩＷＣは単に商業捕鯨の捕獲枠の設定をする。気に入らなければ、異議申し立てを行えばよい。また、過去の異議申し立てに対して二十八年間も無視されてきたなら、その不当性を堂々と争うことで、商業捕鯨のモラトリウムが無効であるとの基本的立場でIWC内で行動すればよい。脱退して条約上の利益と庇護をどうしてすべて失う必要があるのか。

また、好きでも嫌いでも反捕鯨国と対話して、日本の立場を表明していけばよい。豪、ニュージーランドや南米諸国が何を言おうと何を決定しようと、彼らが日本に対して条約上の実行ある措置は取れない。ＩＷＣの場を利用して、世界に向かって情報を発信して、反捕鯨国の理不尽を訴えればよい。私たちは二〇〇〇年からＩＷＣにはプレスを入れ公開にした。すべての議論がオープンになって、世界がその反捕鯨国の理不尽さを二〇〇二年下関ＩＷＣ総会をピークに理解し、承知した。最近、日本は、ＩＷＣでの情報の発信も怠ってしまった。南極海への母船の出航もこそこそとするようになった。また、ＩＷＣでの日本国の対処方針も二〇〇二年までは、明快に日本国の方針を確立しそれを主張した。すなわち①国連環境計画（ＵＮＥＰ）で合意された鯨類資源の持続的利用②鯨類資源は科学的根拠に基づき利用されるべきで感情や政治的配慮を持ち込むことは不適切であること③人口が急増する食糧問題の解決のため鯨類資源を持続的に利酔いすること④異なる食文化と食習慣の尊重を明確にうたった。

しかし最近のＩＷＣの日本代表団は、そのような諸先輩の交渉の基本姿勢が、ＩＷＣ内での対立と分断を招いたとの浅はかな判断から、「ＩＷＣの正常化に向けた取り組みを支持する。このために無益な対立をあおらないよう、現状のＩＷＣでは、採択の可能性がない提案を投票にかけることは行わない方向とする。また、他国に対しても、対立をあおるような提案を行わないよう働きかけを行う。」（二〇〇八年ＩＷＣ日本国政府基本方針）であった。本当に国際交渉の何たるかも知らない基本方針である。そして、この方針が二〇一〇年のＩＷＣの議長提案（事実上の日米提案）が反捕鯨国のいかなる捕鯨も反対との立場で否決された。そして二〇一八年には、また、過半数で捕鯨の再開が可能とする非現実的な提案を行って、否決された。この提案が通らないことは、反捕鯨国のいかなる捕鯨の再開にも反対との立場を見れば、明らかである。いつになったら日本は学習効果を上げるのか。脱退して日本の二〇〇海里内の捕鯨に限れば、反捕鯨の圧力が和らぐであろうとの、国際捕鯨交渉を承知しない者の希望的観測がある。これまでの議論でそれが幻想であることがお分かりいただけよう。

実のある国際捕鯨交渉とは

また、自国の捕鯨を決めるのは自国である。自国の捕鯨の科学的根拠と国際法上の根拠を可能な限り盤石にするのは、他国ではない。自国の責任において第一義的に決定するべきものである。それなら国際条約上で裸になるのではなく、ＩＣＲＷに留まって、この条約上の庇護と利益と問題点の是正（商業捕鯨のモラトリアムの違法性）で戦った方が、どう見ても現実的で、賢く、相手に脅威を与える。交渉は相手には「商業捕鯨モラトリアムが国際裁判で否定される脅威」を与えるべきものであって、相手の同情を期待するものではない。捕鯨が再開されかねないとの脅威があれば、反捕鯨国も真剣に妥協案を考えだす。どの反捕鯨国も、自分の痛みがなしには、日本（日本が自分の痛みをいくら提供しても）は助けないとの前提で国際交渉をするべきという基本姿勢で臨むべきだ。しかし、彼らにも説明をすることは地道に行うことである。

日本の役人と政治家はいつになったら基本中の基本を理解し、実践するのであろうか。しかし、これらの政治家と役人のこれまでの対応ぶりを見る限り、本当に情熱とエネルギーをもって捕鯨にとり組んでいないように見える。手続きの提案ばかりして、真の日本の強みの科学と持続利用を前面に出すこともしない。もっとも一九八六年から三十二年間も南極海で、一九九四年から北西太平洋で調査を実施してきて、南極海と北西太平洋の海洋生態系や鯨類資源の保存と管理の在り方について包括的な解析や評価と海洋生態系の在り方に関する将来像も提供したことがない。日本の鯨類調査や鯨類資源とのかかわりが評価されるであるが、事実上、包括的な評価、漁業の関係及び海洋生態系の動向に関する評価分析をしていないのである。行政官が政治家に内容のある状況説明をできないから、政治家も、IWC総会での目先の対応が成果を上げないことを叱るのみで、建設的な指示を出せない。事実上の交渉能力があるとは思えない。だから目先の脱退という手続きを踏んだところで、内容すなわち、本質的にどんな捕鯨を目指したいのか、どんな海洋生態系と捕鯨の関係を目指すのかが示されない。二〇〇二年以降、日本の捕鯨が衰退する過程で、二〇〇五／六年以降これらが示されないので、今更脱退しても急に示されることは期待できない。このような人々に国際捕鯨交渉と国際漁業交渉を委ねているかを承知したら国民もさぞ期待できないことを理解するのではないか。それでも期待したら国民は落胆しよう。

くじら年表

更新世期	更新世前期	約一七〇万年～五〇万年前	東京都昭島市多摩川河川敷より出土のヒゲクジラの全身骨格化石。 東京都日野市多摩川河川敷で出土のヒゲクジラの一種とみられる化石。 千葉県君津市で出土のくじらの全身骨格化石。
縄文期	縄文時代前～中期	約六千～四千年前	つぐめの鼻遺跡（長崎県平戸市田平）から大量の石銛などが出土。 平戸瀬戸での石銛を用いた突取捕鯨が行われた可能性。
	縄文時代前期末～中期初頭	約五千年前	真脇遺跡（能登半島）からイルカの骨が多数出土。イルカ漁が行われた可能性。
	縄文時代中期	約五千～四千年前	佐賀貝塚（長崎県対馬）で、くじらの骨や、骨を利用して作られたアワビオコシを確認。
	縄文時代後期	約四千年～三千年前	九州の遺跡から出土する土器で鯨底が確認される。
五世紀～九世紀頃			オホーツク文化の遺跡から、くじらの祭祀や捕鯨のようすを描いた線刻画が見つかる。
平安鎌倉期	貞応二年	一二二三	三浦沖にイルカの集団座礁。（吾妻鏡）
戦国期	延徳元年	一四八九	「四條流包丁書」に鯨肉の記述。
	元亀年間	一五七〇～七三	知多半島・師崎で突取捕鯨が始まる。（西海鯨鯢記）
安土桃山期	慶長元年	一五九六	紀州・熊野に突取捕鯨が伝わる。（西海鯨鯢記）
	慶長一一年	一六〇六	紀州・太地で和田頼元が師崎の伝次と突取捕鯨を開始。（太地浦鯨方）
	慶長一四年	一六〇九	平戸にオランダ商館が開設
江戸期	元和二年	一六一六	紀州の突取捕鯨組が西海に進出。（西海鯨鯢記）
	寛永一八年	一六四一	オランダ商館が平戸から長崎に移転。
	正保四年	一六四七	深澤義太夫勝清が平島で操業を開始。（大村郷村記）
	寛文元年	一六六一	的山大島で突組を組織。（井元氏系図）
	寛文二年	一六六二	五島・中通島有川湾で、捕鯨の利権をめぐり争いが起こる。
	寛文三年	一六六三	捕鯨組主、深澤氏が大村に野岳堤を築き、水田を拓く。
	延宝五年	一六七七	紀州太地で太地角右衛門頼治が、網取式捕鯨を開始。（太地浦鯨方）
	貞享四年	一六八七	対馬で小田家が網組の操業を開始。（対馬漁業史）
	元禄年間	一六八八～一七〇四	西海各地にくじらの供養塔が建立される。
	正徳年間	一七一一～一五	呼子の中尾甚六が突組を興す。
	享保年間	一七一六～三五	中尾組が網組に移行。

時代	和暦	西暦	事項
江戸期	享保五年	一七二〇	西海鯨鯢記（谷村友三）
	安永七年	一七七八	長崎くんちに中尾甚六が考案したとされる、万屋町のくじらの山車が登場する。
	寛政四年	一七九二	ロシア人・ラクスマンが根室に来航。
	享和二年	一八〇二	幕府が安房の醍醐組に、択捉島での捕鯨の可能性を調査させる。
	文化五年	一八〇八	仙台藩・大槻清準が「鯨史稿」を制作。
	天保三年	一八三二	益冨又左衛門により「勇魚取絵詞」が刊行される。
	天保九年	一八三八	能登でくじらの定置網。（能登国採魚図絵）
	天保一一年	一八四〇	豊秋亭里遊が「小川島鯨鯢合戦」を制作。
	天保一二年	一八四一	土佐・中浜万次郎（ジョン万次郎）が漁に出て嵐にあい鳥島に漂着。 アメリカの捕鯨船に救助されてアメリカに渡る。
	嘉永六年	一八五三	ペリーが浦賀に来航。
	安政元年	一八五四	日米和親条約を締結。
	安政五年	一八五八	日米修好通商条約を締結。
	文久三年	一八六三	中浜万次郎（ジョン万次郎）が小笠原でマッコウクジラを捕る。 ノルウェー人のスヴェン・フォインが捕鯨砲を開発し、ノルウェー式砲殺捕鯨法を確立。
明治期	明治一五年	一八八二	平戸や生月で銃殺捕鯨が始まる。
	明治二七年	一八九四	関澤明清が、捕鯨銃を使用し捕鯨を行う。
	明治三二年	一八九九	岡十郎らにより、日本遠洋漁業株式会社が設立。
	明治三七年	一九〇四	東洋漁業株式会社が発足。 ノルウェーが英領サウスジョージア島に捕鯨基地を設ける。
	明治三九年	一九〇六	東洋漁業所属の砲殺捕鯨船が魚場開拓を始め、鮎川、銚子、館山に事業所を建設。
	明治四〇年	一九〇七	大東漁業株式会社設立。
	明治四一年	一九〇八	近代捕鯨会社による操業が対馬北部地域で盛んになる。
	明治四二年	一九〇九	砲殺捕鯨船の数が三十隻に制限される。
	明治四三年	一九一〇	国内主要四社が合併し、東洋捕鯨株式会社を設立。

時代	和暦	西暦	出来事
大正期	大正三～七年	一九一四～一九一八	第一次世界大戦。
昭和期	昭和八年	一九三三	宮城県・鮎川でミンククジラを対象とする捕鯨が始まる。
	昭和九年	一九三四	日本で初めて、日本水産が捕鯨船を南氷洋に送る。
	昭和一一年	一九三六	大洋捕鯨による南氷洋捕鯨船団が出航。
	昭和一二年	一九三七	国際捕鯨取締協定締結
	昭和一三年	一九三八	極洋捕鯨による南氷洋捕鯨船団が出航。
	昭和一六年	一九四一	太平洋戦争の勃発により、母船式捕鯨の中断。
	昭和二一年	一九四六	GHQの特別許可を受け南氷洋捕鯨に出航。
	昭和二二年	一九四七	南氷洋より戦後初めての運搬船「橋立丸」が、鯨肉三四〇tを積み築地港に帰港。
	昭和二三年	一九四八	国際捕鯨委員会（IWC）設置
	昭和二六年	一九五一	日本が国際捕鯨委員会（IWC）に加盟。
	昭和二九年	一九五四	日本では初となる国際捕鯨委員会（IWC）の年次総会が東京で開催。
	昭和三五年	一九六〇	南氷洋捕鯨で一万三五九二頭を捕獲。
	昭和五七年	一九八二	国際捕鯨委員会（IWC）で商業捕鯨の一時停止（モラトリアム）が決議。
	昭和六二年	一九八七	第一期南極海鯨類捕獲調査（JARPA）を開始
	昭和六三年	一九八八	日本が商業捕鯨を中止。（小型捕鯨は枠外として存続）
平成期	平成五年	一九九三	第四五回国際捕鯨委員会が京都で開催
	平成六年	一九九四	第一回北西太平洋調査船団が大井水産埠頭より出航。
	平成七年	一九九五	南氷洋調査を拡大。（ミンククジラの捕獲四四〇頭へ）
	平成一三年	二〇〇一	定置網に混獲されて死んだくじらの販売が可能に。
	平成一四年	二〇〇二	第一回伝統捕鯨地域サミットを山口県長門市で開催 第五四回国際捕鯨委員会を下関で開催
	平成一八年	二〇〇六	第二期南極海鯨類捕獲調査（JARPAⅡ）を開始
	平成二二年	二〇一〇	オーストラリアが第二期南極海鯨類捕獲調査（JARPAⅡ）の停止を求め、国際司法裁判所に日本を提訴。
	平成二四年	二〇一二	ニュージーランドが訴訟に参加宣言。
	平成二六年	二〇一四	国際司法裁判所による第二期南極海鯨類捕獲調査（JARPAⅡ）の中止判決。
	平成三〇年	二〇一八	九月　第六七回国際捕鯨委員会総会開催、過半数での日本の捕鯨再開提案を否決。 十二月　日本政府国際捕鯨取締条約から脱退を表明、通知。

くじら探訪

西日本編

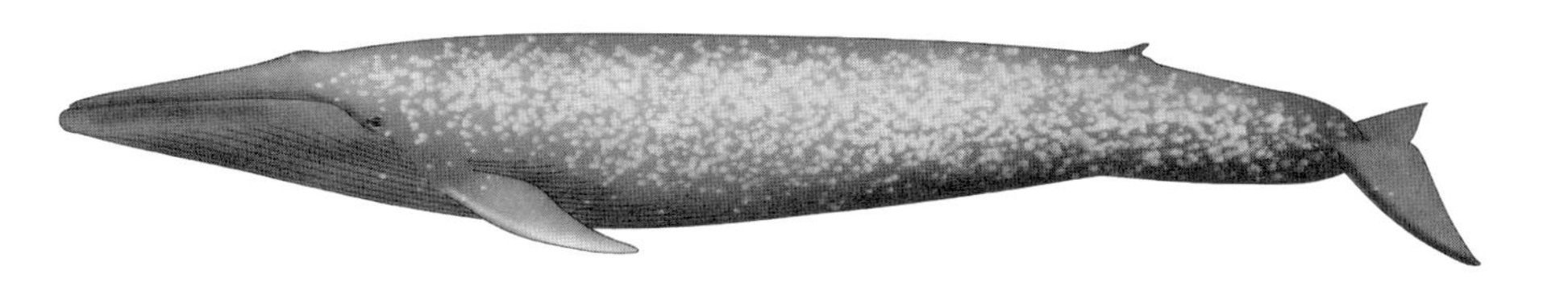

シロナガスクジラ

長崎・五島（大村・福江）

捕鯨の一時代を築いた鯨組と受け継がれる捕鯨文化

尾張から西海へ。西海捕鯨の隆盛

日本における古式捕鯨の始まりは、「西海鯨鯢記（さいかいげいげいき）」という古文書によれば元亀年間の一五七〇年頃に知多半島の先端、師崎（もろざき）の漁師、伝次が銛でくじらを突くことを考え出し成功したこととされている。この突き取りの技術は知多半島に数多くいた海士・海女など海人たちによって伊勢湾にくじらが入り込んだ時に使われたであろうと想像され、この後、伊勢から熊野の太地で産業として隆盛を極める。そしてのちに一大捕鯨地となる肥前・大村地方や五島灘へと伝えられ鯨組となって産業化されていく。

西海地方で捕鯨業が発展した理由としては、潮流と地形との自然条件が大きい。唐津と対馬の間の海は、暖流の対馬海流と寒流のリマン海流が流れ、この海流に乗って冬にはオホーツク海から南下する下りくじら、春には北上する上りくじらを捕獲するための魚場となり、壱岐、唐津・小川島、平戸、生月島、五島・有川などが捕鯨基地の拠点となった。さらに回遊するくじらを追い、捕鯨の技能を伝承する漁民たちは五島列島にも分村を持ち基地を開いていった。これらの地ではアワビを漁獲するもぐりの集団が存在し、彼らが刃刺しとして捕鯨に参画できたことも捕鯨業の発展につながった。

藩の財政を潤した巨大な労働組織、鯨組

鯨組には組主の名前を冠した益冨組や中尾組。地名を冠した有川組、小川組などがあった。その中でも西海捕鯨最大の鯨組であったのが、生月島の益冨組だ。益冨組は、享保十（一七二五）年に突組を始め、享保十八（一七三三）年には網組として三千人を超える漁夫と陸上作業員を抱えていた。鯨組の組織は出漁して鯨を捕獲する者たちと、陸で漁の準備をする者、捕獲したくじらを解体加工する「納屋場」の者たちとに分かれていたが、いずれも大規模な組織を必要とし多勢の労働者を雇用していた。そのようすはいくつかある捕鯨図の中でも傑作とされる、益冨組の捕鯨のようすを描いた「勇魚取繪詞」で詳しく知ることができる。

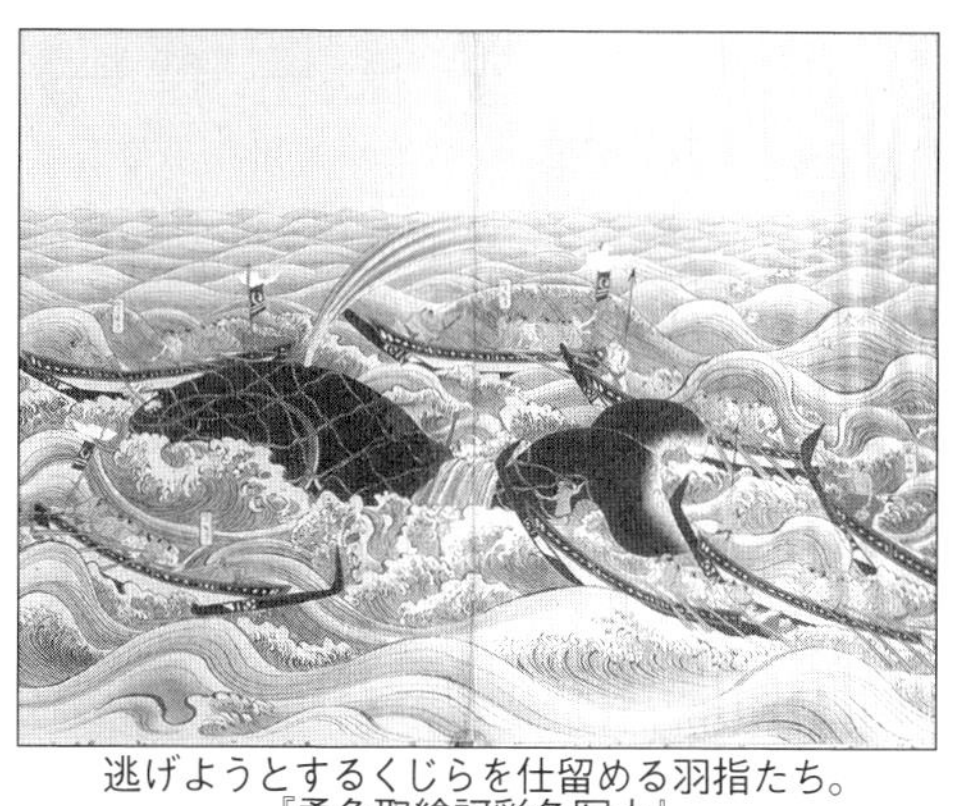
逃げようとするくじらを仕留める羽指たち。
『勇魚取繪詞彩色写本』
北海道大学大学院水産科学研究院図書館蔵

くじらを捕獲する漁夫には、銛を投げてくじらを仕留める「羽指（はざし）」と、主に舟の漕ぎ手であった「加子（かこ）」がいたが、漁夫だけでも数百人に及ぶ大規模な組織だった。解体加工を行う「納屋場」もまた大規模なもので、捕鯨や解体加工に使用する道具の製作や修理、及び鯨の解体加工をする「大納屋」と大納屋で解体されたくじらのヒレや内臓などを加工する「小納屋」、骨から油をとる「骨納屋」、筋を加工する「筋納屋」で構成され漁夫以上の多くの職人を必要とした。このように巨

大な労働組織の規模を誇っていた鯨組は、藩の財政にも大きく貢献した。とりわけ鎖国令によって貿易を禁止された西国大名たちが、多大な運上銀の徴収が期待できる捕鯨業に目を向け、益冨組は、享保十（一七二五）年の開業から文久元（一八六一）年の廃業までの期間に、数十万両に上る莫大な運上銀で平戸藩の財政を潤した。

西海捕鯨の礎を築いた深澤儀太夫とくじら肉取引の面影

三百年を経て今なお残る業績

尾張の地でおこった捕鯨は、紀州から瀬戸内、土佐そして西海へとその本拠地を移していったが、西海においてその礎を築いた代表格が、深澤儀太夫勝清を初代組主とする深澤組であった。深澤組は主に壱岐を漁場とし、延宝六（一六七八）年に紀州・太地での網掛突取法の成功を伝え聞くと、いち早く導入して普及させたとされている。網掛突取法は二代儀太夫勝幸に受け継がれ、深澤組の基礎は勝清、勝幸によって確立され、五島列島、対馬、長門までも鯨組を派遣して西海捕鯨の先駆者として活躍をした。なかでも二代儀太夫勝幸の娘婿の輿五郎家は儀太夫家を凌ぐほどに栄え、深澤組は捕鯨で得たその利益を新田の開発や築堤を行い、領民の社会インフラ整備においても貢献した。

捕鯨で財をなした勝清が私財を投じて田畑の灌漑用にと造成された野岳湖は、三百年以上にわたって地域一帯に農業用水を供給し続けている。同湖のほとりには地元住民によって儀太夫資料館が建てられているが、深澤家に関する資料や昔の農具などを展示しているのを見ると、今でも人々の心の中には、その功績への感謝の気持ちが残っているようだ。

深澤儀太夫が私財を投じて築いた人造湖・野岳湖は、現在キャンプ場などが整備され、地域住民の憩いの場所となっている。

深澤一門の隆盛を示す墓碑

勝清を始めとする深澤家代々の墓は、菩提寺である大村市の長安寺に、くじらの供養碑と共にある。かつての城下町を見下ろす高台に建つ長安寺は、初代藩主、大村喜前（よしあき）によって創建された由緒のある寺。きれいに整備された境内を通って行くと、深澤家の墓が初代勝清、勝幸、輿五郎など初代から十三代にわたって並んでいる。西海地方において本格的な鯨組を創始した深澤儀太夫勝清の墓は、昭和五十七（一九八二）年に市の史跡にも指定され、街の発展に大いに寄与した人物として墓の前には碑も立てられている。時折参拝に訪れる人がいるのだろうか、墓には花が供えられていた。

有明海と大村湾とをつなぐ東彼杵

かつては長崎街道の宿場町として、また平戸街道の起点として数多くの武士や商人たちで賑わった東彼杵町。町とくじらとの関係は三百年ほど前にさかのぼる。江戸時代の初めに西海地方で最初に鯨組を組織し捕鯨を行った深澤義太夫は、解体した肉を彼杵港に運び、そこから九州各地に送った。こうして彼杵とくじらの関係ができあがり、明治時代の中頃には大きな市場もでき、くじらが〝せり〟にかけられ、大勢の仲買人や行商人たちで賑わった。このような光景は昭和の初めまで続き、くじら問屋や仲買人によって組合が作られた。その後、長崎県鯨肉配給組合となり、彼杵鯨肉株式会社へと引き継がれる。JR彼杵駅の近くにある彼杵鯨肉株式会社は、県内で唯一、今なおくじら肉の入札会が月に一度開かれ、長崎の捕鯨の歴史を伝える貴重な場所。道に置かれた看板が歴史の名残を感じさせる。

彼杵鯨の代表・板谷氏に、かつての入札会の様子を聞く。

昭和五七（一九八二）年の商業捕鯨モラトリアム（一時中止）を受け、昭和六二（一九八七）年には南氷洋でのミンククジラの捕鯨が中止となり、昭和六三（一九八八）年には北太平洋でのミンククジラとマッコウクジラの商業捕鯨が中止となった。現在は調査捕鯨の鯨肉を扱っているものの、彼杵のくじらも寂しいものとなっている。

長崎の食文化を支え、祭りを彩るくじら

中には水タンクがあり、二人の大人が手動ポンプで水を噴き上げて、潮吹きを演出する。

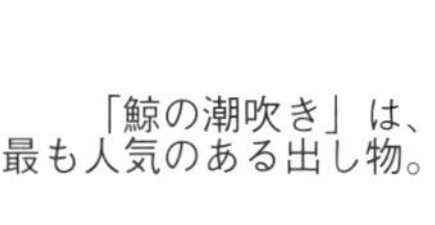

「鯨の潮吹き」は、最も人気のある出し物。

シーボルトも目にしたくじらの潮吹き

西海を賑わした鯨組が終焉を告げてから約百年経った今も、長崎には捕鯨にまつわる文化が色濃く残る。

長崎くんちは、諏訪神社の祭礼として毎年十月七日～九日の三日間開催され、二十万人をこえる見物客を集めるが、古式捕鯨の様子を表現した万屋町の「鯨の潮吹き」は、中でも人気の高い出し物の一つ。鎖国時代に日本を訪れたシーボルトの著書「NIPPON」にも挿絵入りで紹介され、シーボルトが長崎くんちを見て描いた「シーボルトがみた日本」は、長崎県立図書館で閲覧することが可能だ。

この「鯨の潮吹き」には、「中尾様には及びもないが、せめてなりたや殿様に」と、歌にもうたわれた小川島捕鯨の中尾組が深

く関係しているとされる。三代目中尾甚六が万屋町の定宿とした「呼子屋」に泊まった際、宿の主人が愛宕神社の祭礼の出し物に何を出そうかと悩んでいたところに、三代目甚六が「鯨の潮吹き」を指導したとされる。これが大好評となり、諏訪神社の〝くんち〟にもぜひと言われて出したところさらに人気が上がり、出し物の中でも三役格となった。長崎くんち二百年をこえる歴史の中で、「鯨の潮吹き」の由来として伝えられている話だ。

命をかけた捕鯨への情熱を感じさせる長崎くんち「鯨の潮吹き」

中尾甚六による鯨の潮吹きの由来の歴史を受け継ぎ、くじらの出し物を守っているのが長崎市万屋町通り町会だ。長崎市万屋町通り町会では、祭りの前には中尾甚六の墓がある佐賀県・呼子町へと赴き、墓参りを済ませてから祭りにのぞむという念の入れよう。長崎くんちは諏訪神社の氏子にあたる長崎市内の町がさまざまな出し物を奉納するものだが、町が七組に分かれて順番に奉納する。奉納の当番に当たった町を「踊り町」と呼ぶが、七組で順番に回るため、踊り町の当番になるのは七年に一度。踊り町はその町のシンボルとなる傘鉾を先頭にして諏訪神社へと向かい、出し物を神前で奉納する。長崎くんちの出し物の中でも人気のある鯨の潮吹きは、くじらと小舟、納屋の三種類の曳物で構成され、諏訪神社の境内でくじらを男たちが曳き回して水を高く吹き上げるところが見せ場となる。くじらの中にも男たちが入り、からくりのポンプを操作しているのだが、これがなかなかの重労働だそうだ。くじらが潮を吹き上げる演技は見応えがあるが、傘鉾に施された装飾もまた素晴らしい。てっぺんに平樽と綱の見事なオブジェが飾られ、垂れには江戸時代から続く歴史ある長崎刺繍による魚尽し。魚たちが泳ぎ回る様を刺繍糸で精密に表現した大作だ。

黒色の繻子で覆われたくじらの巨体は、祭りが終わってしまえば解体され、その姿を再び見ることができるのは七年後となる。

捕鯨船の船員たちが考えたお土産品

何年にも及ぶ遠洋漁業の中で暇な時間をつぶすための手なぐさみとして、アメリカの捕鯨船の船員たちによって始まったのが、スクリームショーと呼ばれるくじら工芸品だ。特にマッコウクジラの歯を使い、捕鯨のようすや捕鯨船の彫刻を細かく施した作品は商業捕鯨のモラトリアム以降、大変貴重なものとなっている。捕鯨船の船員として南氷洋にも出漁経験のある村野七郎氏が創業した「海洋工芸社」は、伝統的な〝べっ甲〟の工芸技術を独自に改良してくじら細工を製作する加工会社。その直売店である「くじら工芸」が万屋町のアーケード街の中にある。マッコウクジラの歯を使った精巧な細工物やヒゲクジラのヒゲを使った小物やアクセサリーなどを販売し、種類の豊富さやオリジナルの置物はなかなか見応えがある。長崎にゆかりのある工芸品として長く続いて欲しい伝統の技だ。ところでスクリームショーは米国のケネディ大統領が収集家として有名であった。平成二八（二〇一六）年四月に、そのケネディ大統領のご長女のキャロライン・ケネディ駐日大使（当時）と国際漁業や捕鯨について語る機会があった。

店内に所狭しと並ぶ、スクリームショーやくじらの置物

五島列島へとむかう鯨組

島々に残るくじら、平戸島・生月島

数ある西海の捕鯨組の中でも、最大の経営規模を誇った益冨組。その益冨組の本拠地であった生月島や、平戸藩松浦氏の城下町で鎖国前は中国、ポルトガル、オランダなどとの国際貿易港だった平戸には、当時の西欧文化の名残とともに一大産業であった捕鯨業の遺構が数多く残る。

朱色の三重塔が建つ最教寺の奥之院の境内には、江戸時代に建てられたものと昭和初期に建てられた二つの鯨供養塔が並んでいる。三重塔は平戸の美しい景観を眺められる平戸の観光名所としていつも多くの観光客で賑わう場所だが、鯨の供養塔に足を向ける人は少ない。

平戸にある松浦史料博物館は平戸島から佐世保市、壱岐、五島列島の一部を領地とした平戸藩主松浦家の私邸として建てられた「鶴ヶ峯邸」を利用している。この地域を治めた大名家に伝来した資料を保存する、長崎県では最も古い歴史を持つ博物館だ。巨大な鯨組、益冨家の運上銀によって潤った松浦家ゆえに、くじらに関する貴重な資料を数多く保存する。益冨組の捕鯨のようすやくじらの解剖図までを細やかに描いた「勇魚取繪詞」、くじらの部位と調理方法を説明した料理本「鯨肉調味方」、司馬江漢の「西遊旅譚」の再販本「海図遊旅譚」、九州地区の特徴的な船型や装飾を見ることができる「得庵本」、以後の捕鯨研究本にも影響を与えた「鯨史稿」、「魚王譚史」と、ここまでくじらに関する資料をまとめて所蔵しているところはなく、保存状態についても申し分がない。

生月島の子供たちによって披露された「勇魚捕唄」
（第二回　日本伝統捕鯨地域サミット・平成 15 年）

平戸島から、生月大橋を渡った生月島は、日本一の規模を誇った益冨組の本拠地。益冨組は当時屈指の優良漁場であった壱岐へ進出し、その後、五島列島や対馬など各地に網組を出して発展を遂げた。その前後には、捕鯨図説の最高傑作とされる木版印刷の「勇魚取繪詞」を刊行した。しかしその勢いも弘化年間（一八四四〜一八四七）頃より減少し、明治七（一八七四）年に廃止。

島の館の大型ジオラマ展示

その後、他の経営者により網組の操業は続けられたものの、明治三十年代に終りを迎える。その後はノルウェー式砲殺捕鯨法を主体とする近代捕鯨に移行するが、長くは続かなかった。生月島の捕鯨は終焉したものの、益冨組時代に唄われた勇魚捕唄（いさなとりうた）が、銃殺捕鯨の従事者を経て保存会へと継承されている。また食文化の面でも、「鯨の煎り焼き」、「ゆがき皮鯨」、「鯨なます」など、くじらを使った料理が、今日の暮らしの中にしっかりと根付いている。

ここで興味深いのは、くじらの食用利用が定着しているが、ここに「尾の身」が登場しない。「尾の身」はナガスクジラ属に存在するが、セミクジラには存在しない。また、オスの性器は病を得た女性に煎じて食べさせろ、メスの性器は病を得た男性に煎じて食べさせよという言い伝えが残る。

生月島で西海捕鯨の歴史を今に伝える文化施設が「平戸市生月町博物館・島の館」。平戸島から生月大橋を渡ったところにある二階建ての建物は、一階が捕鯨の歴史を展示し、二階には長い迫害に耐えて受け継がれてきたかくれキリシタン信仰に関する展示と、豊かな自然の中で営まれてきた農民や漁民の島の暮らしに関する展示がされている。一階部分の捕鯨の歴史展示で目を引くのは、江戸時代の捕鯨のようすを忠実に再現した大型ジオラマ。ナレーションとともにリアルな人形たちが動き出し、網を使って大きなくじらに立ち向かう益冨組捕鯨の様子を紹介している。生月島出身で日本一の巨漢力士として知られる生月鯨太左衛門のコーナーでは、実寸サイズの生月鯨太左衛門の人形が置かれ、一緒に記念撮影をする人も多い。

勇猛果敢な羽指したちを生んだ宇久島

古い記録を紐解くほどに、かつての西海捕鯨がいかに盛大であったかに驚かされる。しかし、今は寂れてしまった地からその繁栄ぶりを想像することは難しい。だが、だが訪ね歩いてみれば、昔の繁栄を物語る遺跡を数多く見ることができる。

西海捕鯨を語る際には五島列島を外すことはできない。五島列島北端の島「宇久」は、五島の島主、五島氏発祥の地とされる島。壇ノ浦の戦いに敗れた平清盛の異母弟、家盛が流れ着いて宇久氏を名乗り、やがて勢力を五島全体へと広げて福江島に移り五島氏に改姓したとされるなど、平家伝説にも満ちた島である。

宇久の捕鯨は延宝八（一六八〇）年頃に、山田茂兵衛が鯨組を組織したことに始まるとされ、宇久の鯨組の歴史はそのまま山田組の歴史となっている。その宇久に伝わる捕鯨の一大惨事が「紋九郎くじら」の物語である。不漁が続きくじらが獲れずに困っていた三代目鯨組主の山田紋九郎が、正徳六（一七一六）年のある晩に子どものくじらをつれた大きなくじらの夢を見て、夢の中で獲らないで欲しいと懇願された。朝になり夢の話をしたが、組員達は夢だととりあわずに出漁し、親子くじらを見つけるとモリを突き刺してしまった。そこで天候が急変し、七十二人が波にのみ込まれ行方不明となってしまう。紋九郎はこれを最後に鯨組を解散し、供養塔を建立した。この物語は「紋九郎くじら伝説」として五島各地に伝承され定期的に供養も行われている。

宇久島はその後、南氷洋捕鯨時代の大洋、日水、極洋に数多くの砲手、乗組員を排出する。平家盛が建立した神島神社にあるセミクジラが飾られた灯籠は、宇久出身の乗組員が昭和九（一九三四）年第一回の南氷洋捕鯨から帰ったことを記念し奉納されたものである。南氷洋捕鯨で島の名声を高めた山崎家や柄本家など砲手たちの墓も数多い。

ほかにも神島神社の裏手にある、宇久家の菩提である東光寺には、紋九郎くじらの供養のものと思われる閻魔さまがあり、さらに鯨魂供養塔、宇久の鯨組の創始者、山田茂兵衛や山田紋九郎の墓、くじらに乗ったエビスがある恵比須宮、鯨千頭の碑など、新旧くじらに関わる遺跡が宇久島には満載である。

捕鯨と廻船業で財を成した小値賀鯨組

宇久島からはフェリーで三〇分ほどで小値賀港に着く。小値賀島の捕鯨は、承応年間（一六五二～五四）に紀州の藤松氏によって始まった。現存する記録によれば壱岐でアワビ漁などを行っていた小田家が小値賀島に移住し、寛文六（一六六一）年より小田家による捕鯨が始まり、貞享二（一六八五）年には鯨組を組織している。初代によって始められた捕鯨業は、二代目に受け継がれ小値賀を拠点とする基礎が築かれたものの、三代目以降は苦しい時代が続く。以後、畳屋組、小倉組、大阪屋組などの捕鯨組の名前が資料には登場するものの、その前後の時期において小田家は捕鯨から撤退しているようである。

明治三一（一八九八）年になって銃殺捕鯨願いが出され、明治三二（一八九九）年に許可が下りているが、くじらが捕獲された記録はなく小値賀捕鯨はこの時が最後となったと思われる。築三百年ともいわれる豪邸の小田伝兵衛屋敷は、現在、小値賀町歴史民俗資料館になっている。ここで捕鯨の資料を数多く見ることができるが、なかでも小値賀島近海の捕鯨の様子を描いた大きな絵馬は、かなり傷んではいるもののなかなかの迫力である。

宇久島には同じような「鯨魂供養塔」が数多くある。

五島列島で最も古い木造建築といわれるのが、正徳五（一七一五）年に捕鯨で財をなした小田家によって建立された、朱塗りの外観が印象的な「万日堂」である。初代小田伝兵衛重徳らの像が堂内に飾られ、万日堂棟上祝式ではくじらを供したという献立

捕鯨業のほか、酒造業や廻船業などを行った、小田家の屋敷跡を利用した「歴史民俗資料館」

記録も残っている。初代小田伝兵衛重徳の後を継いだ重利は、捕鯨業のみならず、廻船業などでも莫大な利益を上げ、新田開発など住民のためにさまざまな事業を興している。

五島列島をつなぐ海上交通の中心・福江島

五島列島の南端に位置する福江島は、長崎港からはジェットフォイル、博多港からはフェリー航路、また五島列島唯一の飛行場、福江空港があり長崎空港や福岡空港からは空路利用ができるなど、各島をつなぐ交通の中心地となっている。福江島でも他の島同様に捕鯨の恩恵は大きく、福江港からすぐそばの「五島観光歴史資料館」には、キリシタン文化や島の産業文化の紹介とともに捕鯨文化の紹介コーナーが設けられ、銛や包丁、捕鯨図、捕鯨絵巻、勢子船などが数多く展示されている。また、隣接する「福江市立図書館」では、五島市在住の歴史研究家、的野圭志氏によってまとめられた「蘇る五島の風土」を見ることができ、くじらの山車で練り歩く祭りの様子など昭和三十年代の福江島の風景を知ることができる。

捕鯨に生きた男たちのノスタルジー・有川

近年まで盛んに行われていた南氷洋捕鯨だが、その乗組員の多くを占めていたのが、五島列島の北端に位置する中通島の有川出身者である。有川には、江戸時代から伝えられた捕鯨の技術と、勇敢なる心を持って男たちが、くじらと戦った歴史がある。その伝統も今や廃れつつあるが、その記憶を今に留めようとする「有川捕鯨関連文化遺産」の数々をめぐる散策コースで、捕鯨に生きた島の証を知ることができる。

島の北の玄関口である有川港に建つのが「有川港多目的ターミナル」だ。ここには、江戸時代の有川捕鯨から近代の捕鯨までを細かく紹介する、国内でも珍しいくじらの博物館「鯨賓館(げいひんかん)ミュージアム」がある。捕鯨の歴史はもちろんくじらの模型、くじらの解体・利用に関する資料などが展示・紹介され、また、有川捕鯨についての記録が残る「江口文書」など貴重な資料が揃う資料館となっている。

「鯨賓館ミュージアム」から徒歩数分の場所にあるのが、ナガスクジラの顎の骨でできた鳥居で知られる「海童神社」。以前は海の中に浮かぶ小島であったが、現在は周辺が埋立てられて有川の町とは地続きになった。捕鯨で栄えた有川を代表するもののひとつであるが、神社の持つ霊験と清らかさが失われたように感じるのは私だけだろうか。場所は異なるが八戸の蕪島もそうだ。歴史的そして環境的な配慮と評価を加えたうえで埋立てているのだろうか。島付近の磯は、各種の魚類の産卵場や生育場であったと思われる。また、アワビやサザエと海藻類も多数棲息していたはずである。

海道神社。同じ日に海で亡くなる人が続いたため
石祠を建立し海童神を祀ったとされている。

海童神社の後ろの小高い山は「鯨見山」。頂上にはくじらが来たことを知らせ、出漁の合図を行う「山見小屋」。山見小屋のすぐそばにはくじらの供養碑がある。この供養碑は江口甚右衛門正利によって建てられ、碑文には元禄四（一六九一）年から正徳二（一七一二）年までの二一年間に、千三百十二頭のくじらを捕獲したことが記されている。鯨見山を海童神社と反対側に下ったところが「横浦捕鯨基地跡」である。横浦捕鯨基地は有川組が明治一七（一八八四）年まで使用し、その後、五島捕鯨株式会社が引き継ぐが、明治四二（一九〇九）年に東洋捕鯨株式会社が吸収。営業所を置き、ノルウェー式捕鯨の操業が始まった。

最後は横浦捕鯨基地跡からも近く、有川の守り神とされる「弁財天宮（メーザイテングウ）」である。有川には「有川・魚目の海境争い」と呼ばれる村民対立の歴史がある。有川村が江戸幕府によって海の権利を認められ、有川勝訴で決着したことで分霊を浜の小島に祀った。以来住民の厚い信仰を受け、毎年一月の第三日曜日には、羽刺しの姿をした若者たちが太鼓を叩きながら地区内を練り歩き、大漁、商売繁盛、家内安全を祈願する「弁財天（メーザイテン）」が三百年以上続いている。しかし考えてみればこのような一地方の紛争をどうして江戸で裁判しなければならなかったのであろうか。藩ごとの対立を地元で解決させせない江戸幕府の方針だったであろうか。時間とエネルギーは膨大な量が費やされた。このような裁判結果が明治漁業法のもとになる専用漁業権（現在の共同漁業権）を形づくるのである。漁業者間の紛争の調停が目的であって、資源管理とは無関係である。それが現在まで続くのである。

明治の頃の横浦捕鯨基地と現在の様子（上）

　近代捕鯨に大きな功績を残した原眞一・原萬一郎親子の銅像が建つのは中筋公園。原眞一は近代捕鯨の黎明期に、長崎に富田屋を開店して中国貿易や捕鯨業を始め、明治四一（一九〇八）年には大阪で東洋捕鯨株式会社、原商事会社を設立。翌年、不振に陥っていた五島捕鯨会社を吸収し、失業した郷土の従業員をすべて雇い入れた。さらに有川村救援資金を設けて村民の生活を助けるなど、郷土、有川村の発展につくした。その息子、萬一郎は東洋捕鯨株式会社の三代目社長となり、近海捕鯨が不振に陥ると母船式の遠洋捕鯨の操業を始め、最盛期には旧有川町から六百名以上が捕鯨に従事した。

萬一郎(左)、眞一(右) の原親子像

その原眞一・原萬一郎親子の銅像がある中筋公園のそばには、正利翁社がある。「有川・魚目の海境争い」の時に江戸へ行き、決死の訴えを行い有川村の権利を勝ち取った江口甚右衛門正利の功績をたたえ、江口甚右衛門正利の像が平成一一（一九九九）年に建立されている。

西海の鯨道・壱岐

冬には前目浦をくじらが下り、春になると対馬海流を親くじらが子くじらを連れて上っていく。土肥組、布屋組など壱岐に納屋場を持つ組だけでなく、平戸や生月からもセミクジラやザトウクジラを追って鯨組が壱岐の海には集まった。

郷ノ浦町には六世紀から七世紀にかけての鬼屋窪古墳があり、大きな石で組まれた石室が露出している。石室の内部には銛が打ち込まれたくじらの様子を描いたと思われる線刻画があり、これが日本で最も古い捕鯨図とされている。当然、この時代の捕鯨は積極的に沖に出てくじらを追っていたわけではなく、湾内に迷い込んだくじらなどを追い込んで獲っていたものだと考えられる。

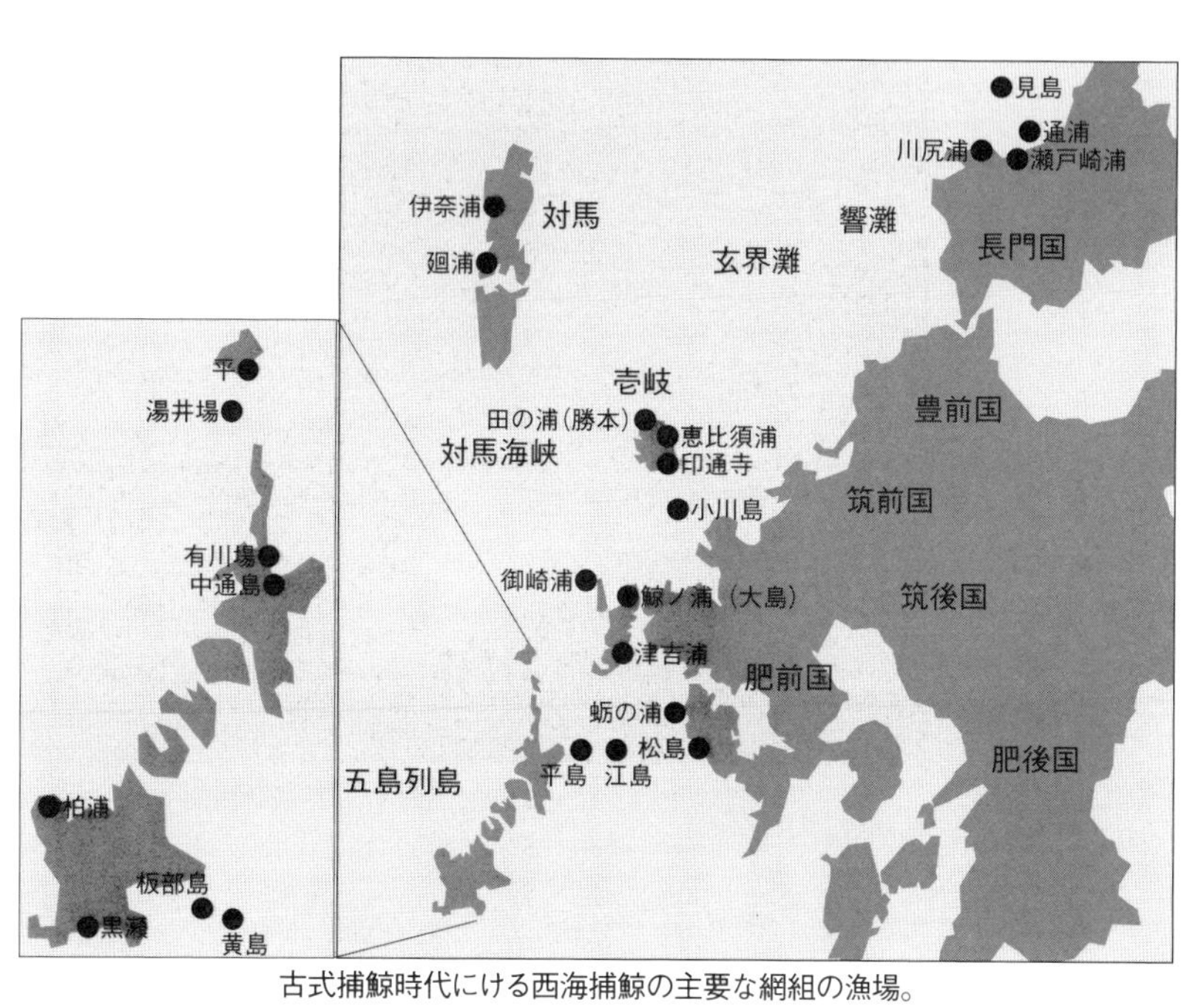

古式捕鯨時代における西海捕鯨の主要な網組の漁場。

弥生時代の遺跡である「カラカミ遺跡」からも、鯨の骨を使ったモリやアワビ起こしなどのさまざまな漁労具が出土する。壱岐の観光地となっている「壱岐風土記の丘」では、島の北端にある串山半島の「串山ミルメ浦遺跡」から出土した縄文時代から古代にかけての鯨の骨や鯨の骨製の漁具が展示され、かつての島の暮らしぶりを垣間見ながら歴史ロマンに浸るひと時を過ごすことができる。

また、壱岐には港ごとに違った鯨組の名残があり、いかに捕鯨が盛んに行われていたかがわかる。壱岐では一番賑やかな港である勝本港には、元禄時代に八百人をこえる人々が働く納屋場があり、自然石を積んだ石垣の一部が残っている。また、勝本の鯨組、土肥家は藩主の財力をしのいでいたといわれ、巨額を投じて建てた御茶屋敷は、床をガラスにして金魚を泳がせたという話が残っているほど豪勢なもので、高さ七m、長さ九〇mもの石垣を四年もの歳月をかけて完成させたが、あまりにも無用な長物のため、人々からは「阿ほう塀」と呼ばれた。

壱岐でもっとも大きなくじら組は土肥家であったが、西の海岸に納屋場を経営した長谷川組や、干拓による新田開発事業に関わった許斐組、東の海岸に位置する芦辺町付近で操業した篠崎組などもあった。島にある寺社には、鯨組が寄進した灯籠や鐘楼が数多く残り、組主たちの墓石も今なお見ることができる。穂陀山の観音寺に残るのは、長谷川組、土肥組、畳屋組が寄進した灯籠と水鉢。貴船神社には布屋組寄進の灯籠があり、本宮八幡神社には土肥組寄進の灯籠が三塔。勝本の能満寺は土肥家の菩提寺であり、土肥組寄進による鐘楼がある。墓地を回れば土肥組一族の墓石も数多く確認することができる。

今では漁港となり堤防で囲まれた前目捕鯨跡。

玄界灘に面し入り江になっている前目浦は、壱岐の中でも一、二を争う捕鯨の漁場。ここに残る供養塔には布屋、土肥、許斐、篠崎と捕鯨によって財を成した鯨組の名が一緒に刻まれ、この地がいかに捕鯨にとって最良の場所だったかを感じさせる。前目浦は現在は恵美須浦と呼ばれ、当時の面影を残した場所となっている。「魏志倭人伝」に記された弥生時代の集落遺跡で、「一支国（いきこく）」の王都に特定された「原の辻遺跡」で見ることができるのは、捕鯨を描いた線刻土器としては日本最古の壺。壺の外側には銛が刺さったくじらが描かれている。

組主たちは捕鯨によって莫大な利益を上げたが、多くの組主たちは安定しない捕鯨業だけを行うのではなく、家業の安定を図るためにその利益を新田開発などに使った。そうやって組主たちによって開拓された水田が島には多い。

島外からの入漁者たちによる対馬捕鯨

対馬捕鯨の鯨組は主に島外からの入漁者たちによるものだった。入漁者たちは島に定住することは幕府によって認められず、漁期のみの出稼ぎとして来島していた。壱岐と同様に対馬の近海でも、春には対馬海峡を北上する上りくじら、秋には対馬海峡を南下する下りくじらの道があり、多くのくじらが姿を見せていたはずだ。長崎県立対馬民俗資料館所蔵の「宗像文庫史料」に捕鯨の記録があり、寛永の頃に紀州から服部組、小田組といった鯨突きが来島し操業していたことが記されているが、いずれも一時的な操業であり、恒久的な港にはなっていなかった。長崎県立対馬民俗資料館の展示室では、このくじらを捕獲したことが書かれた宗像文庫史料の表書札方「毎日記」のほか、くじら包丁やくじら銛、著名な捕鯨図説である勇魚取絵詞など

無残に放置されたままの羽刺したちの墓。

の複写が展示されている。また、縄文時代から古墳時代の出土品を中心に展示する「豊玉町郷土館」では、天保年間に対馬で操業を行っていた亀谷組の奉納絵馬やくじら包丁、出土した鯨の骨が展示されている。峰町の遺跡から出土した資料を中心に展示する「峰町歴史民俗資料館」にも、対馬の中央部に位置する「佐賀貝塚」から出土したくじらの大きな脊柱骨やくじらの骨でつくったアワビ起こし、矢じり、銛などが展示されている。

対馬で納屋場が置かれた場所は、伊奈浦、比田勝、泉、鰐浦、廻などだが、このような納屋が置かれた場所の近くには羽刺したちの墓が残る。墓石は倒れ雑草に隠れていたが、私達は、お線香をあげ合掌した。取材途中に出会った上県町大字伊那の吉竹正光さんに聞いた話によれば、海岸沿いの道を抜けた先にはかつて亀谷組の先納屋、中納屋、本納屋と三つの納屋場あり、その近くには、島外からの入漁者である十三基の墓が残る墓地があるという。実際に行ってみると、朝鮮半島や大陸から流れてきたゴミばかり。

ポリタンクやペットボトルが潮の流れによって集まってきていた。また鰐浦のそばの辺鄙な場所の荒れた雑木林の中には、享和、宝暦、明和、寛政など様々な時代の無数の墓が残っていた。天保年間に春納屋が置かれていた廻地区の林の中にも林立する鯨組の墓があり、かろうじて案内板も立っていたが、地元の人も行かないような離れた場所だからこそ、よそ者のくじら組にも拠点を置くことを許したのではないだろうか。

古式捕鯨ではあまり長続きをしなかった対馬の捕鯨業だが、それでも捕鯨は大きな利益をもたらし、鹿本神社には小値賀島を本拠地とした小田家寄進の灯籠が残り、今はもう住職のいない地福寺でも、くじらの供養塔を見ることができる。また対馬には一時期、近代捕鯨の東洋捕鯨が捕鯨基地を置いていたことがあり、その名残と思われる倉庫跡と貯水槽が大河内地区に残る。しかし調理場があったと思われる場所は、現在、真珠の養殖センターに変わってしまっていた。

肥前（佐賀）

紀州、土佐、北浦に並ぶ日本四大古式捕鯨の地

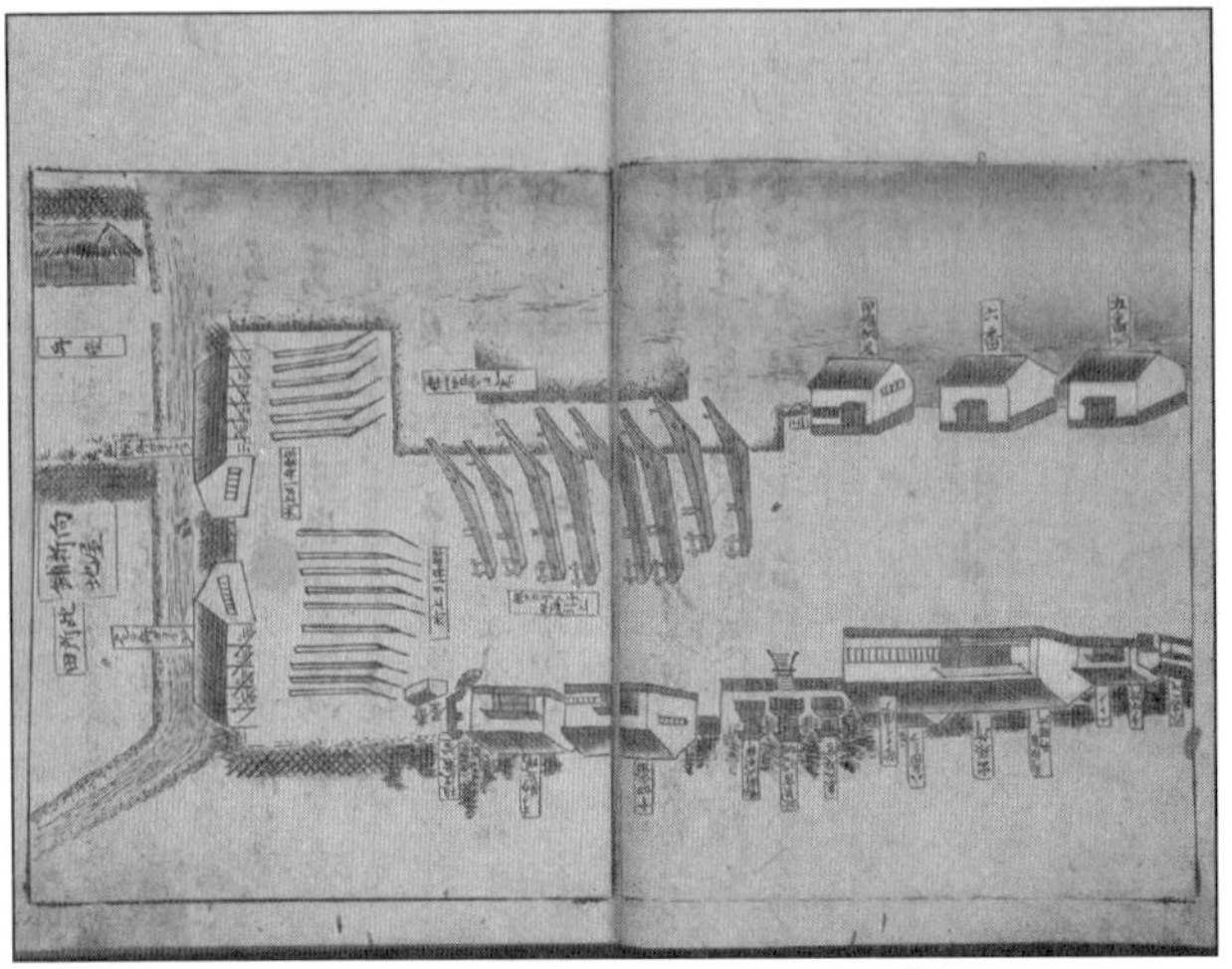

『小川嶋鯨鯢合戦』（佐賀県立博物館蔵）
捕鯨をくじらとの合戦に見立てて、絵図とともに語られる。

全国にその名を知られる呼子・小川島

呼子・小川島を中心とする東松浦地域は、捕鯨業が盛んであったことは誰もが知る事である。東松浦地域を中心に玄海灘沿岸地域で行われていた捕鯨は「西海捕鯨」といわれ、古式捕鯨における国内有数の捕鯨地であった。東松浦地域が有数の捕鯨地となることができたのは、その地理的環境が大きい。つまり、日本の周辺を回遊するくじらは、普段は北の海で生活し、冬の時期にはあたたかい南の海へと南下する。その回遊コースの一つが、九州北部と朝鮮半島の間の海域だった。またこの地域は、海の武士団とも呼ばれた松浦党の拠点でもあった。船の操作に優れた者や潜りの技術を身につけた者が自然に育ち、まさに捕鯨に適した環境が整っていたので

ある。そのため江戸時代になり捕鯨技術が伝えられると、瞬く間に捕鯨が盛んになり、全国にその名を知られることとなったのである。そのため対馬、壱岐、五島列島などこの地域の遺跡からはくじらの骨で作られた漁具やくじらの骨などが数多く出土する。

『肥前国産物図考』（佐賀県立博物館蔵）
捕獲したくじらを解体する様子などが、鮮やかに描かれている。

一六〇〇年代に西海一帯に乱立した鯨組は、次第に大きな資本を持つ組に集約されていくが、小川島では呼子に居を構える中尾甚六の鯨組がほぼ独占状態となる。呼子の沖合約六㎞の場所に浮かぶ小川島は、捕鯨基地として栄え呼子の発展には欠かせない存在となった。小川島では壱岐の土肥組などいくつかの鯨組が捕鯨業を行ったが、なかでも中尾家がもっとも多く鯨漁を行い、その結果巨万の富を得て、その財力は藩をも動かすほどだった。その繁栄ぶりは「中尾様には及びもせぬが、せめてなりたや殿様に」という歌からもうかがい知れる。

中尾家は藩の財政を潤しただけでなく、神社を勧請しまた寺院を建立するなど、地域への貢献も大変に大きく、近世以降の呼子の発展は中尾家によるところが大きい。

西海捕鯨を伝える捕鯨絵巻

「西海鯨鯢記」によれば元和二(一六一六)年に、紀州の突組が初めて西海に進出したとあり、その後多くの突組が興り、西海は一大捕鯨の地として発展する。貞享元(一六八四)年には大村藩の深澤儀太夫によって網取式の技術が西海に伝えられ呼子の中尾組、壱岐の土肥組、生月の益冨組などが有力な鯨組となって台頭した。

捕鯨の様子を描いた史料は各地に多く残るが、中でも松浦地域における網取式捕鯨の様子を記録した史料の充実ぶりには驚く。まず、安永二(一七七三)年に完成した「小児の弄鯨一件の巻」は、唐津藩内の産業を記録した図説「肥前国産物図考」の中の一つ。小川島での鯨組の創業の様子を描いたものとしては最も古く、以降の捕鯨図説が見本とする存在となっている。

ついで寛政八(一七九六)年に呼子の生島仁左衛門によって完成したのが「小川嶋捕鯨絵巻」。生島仁左衛門はもともと三代目中尾甚六のもとで働いていた人物だが、独立し自ら組主として操業したとされている。この絵巻は別名「鯨魚覧笑録」と呼ばれるが、それは、くじらの生殖器を見物して笑っている様子が描かれていることによるもの。捕鯨の従事者自身が監修して作ったものだけに内容は詳しく、くじらの解体図に加えて納屋場の中での作業が

龍昌院に残る「鯨鯢千本供養塔」。

すべて描かれ、当時の様子を詳細に伝える史料として極めて貴重なものとなっている。
七代目中尾甚六の時に作られ、操業の前作業から終わりまでを順番に紹介し、捕鯨を合戦に見立てて描かれているのが「小川島鯨鯢合戦」である。くじら供養の様子や当時の小川島の景観、中尾家の広大な屋敷など、捕鯨組の様子を知るための貴重な絵図である。

太い梁をそのまま残しながら、現代的な展示の工夫もされている、佐賀県の重要文化財に指定されている鯨組主・中尾家屋敷。

中尾家は代々甚六を名のったが、豊漁に恵まれた二代目の時に組の基礎を築き、三代目甚六の時に魚場も拡大。巨万の富を得て、菩提寺として「龍昌院」を創立。このように呼子には、中尾家によって建立されたものが数多い。呼子湾を見下ろす高台に建つこの寺の片隅には、三代目甚六の墓が今なお残り、また六代目甚六によって建てられた「鯨鯢千本供養塔」が古びた姿を見せて残っている。

呼子港の沖合に浮かぶ加部島は、明治期に入り中尾氏による捕鯨業が衰退した後に、小川島を拠点として捕鯨業を営んだ「小川島捕鯨株式会社」が置かれた島。加部島にある田島神社は、参道の石段がまっすぐに海に向かい、古くから海上交通の神として知られている。島から船が捕鯨に出る際には、乗組員たちが必ず神社に向かって手を合わせて無事と豊漁を祈ったという。

かつて捕鯨で栄えた港町は、今ではイカの町として、また元日を除く毎日開催される「呼子の朝市」で知られる観光地となった。

「旧中尾家屋敷」は、かつて捕鯨で栄えたことを知らない観光客で賑わう通りの真ん中ほどにある。一時は建物の老朽化によって心配されたが、平成一四（二〇〇二）年に呼子町の重要文化財に指定され、平成二〇（二〇〇八）年には、佐賀県遺産に指定され、唐津市が修復に取り組んで「鯨組主中尾家屋敷」として現代に蘇った。築二百五十年と推定される母屋は建物そのものが迫力があり、中尾家の偉大さを感じさせる。二階建ての母屋の内部は、当時の雰囲気をできる限りそのままに残し、太い梁や立派な大黒柱など当時の松材のままで残されている。欄間にも細やかに手が施され、簡素ながらも品とセンスが感じられる意匠は見逃すことができない。母屋と一緒に復元された勘定場には、漁で使われていた銛のレプリカがあり、実際に持ってみるとその重さと長さに、当時の羽刺したちの力の凄さを実感することができるだろう。さらに大数珠や宴会に使われたのであろう大杯など見所は満載だ。この「鯨組主中尾家屋敷」は現在、「呼子鯨組」という八幡崇経氏を代表とする地元の団体によって保存活用活動がおこなわれている。

時代を超えてくじらがもたらしたもの

明治期になり捕鯨から撤退した中尾家の後を引き継いだのが、小川島捕鯨株式会社である。出資者の一人であった山下善市の妻ツルが、中尾屋敷を受け継ぎ、酒造業を営んでいた本家、山下家より譲り受けた酒粕

海外からの観光客もお土産にするという「松浦漬け」。

とくじらの軟骨を使って作ったのが、呼子名物「松浦漬」である。山下ツルの長年にわたる試行錯誤によって生まれた松浦漬は、またたく間に評判となり、ツルは明治二五（一八九二）年に松浦漬本舗を創業し初代社長に就任した。以後、松浦漬の製造法は、一子相伝により、代々口伝えのみで今に受け継がれている。

松浦漬のコリコリとした食感と酒粕の味のとりことなったのが、有名な歌人、北原白秋である。明治四〇（一九〇七）年、樺太を旅行中だった北原白秋は、その旅行中に山下ツルの三男、山下善敏と出会って意気投合。松浦漬を肴に酒を酌み交わした。その後も二人の親交は続き、白秋は呼子を何度か訪れ、いつも松浦漬を肴に酒を飲んでいたという。「蒼海（あおうみ）の　鯨の蕪骨（ぶこつ）　醸（か）み酒の　しぼりの粕に　浸（ひ）でし　嘉（よ）しとす」これは白秋が呼子を

訪れた際に詠んだ歌である。
松浦漬本舗は今も呼子の地で、かつての捕鯨で栄えた歴史を一子相伝の味とともに伝えている。
本家である山下家は、平成二五（二〇一三）年に松浦漬本舗の経営から撤退し、現在は分家である山下善督氏によって経営が引き継がれている。

小川島で唯一のくじら唄の伝承者だった中尾威貴子さん。

捕鯨が行われた地域の多くでは、作業をする時に歌われた「くじら唄」が残されている。小川島では、くじらの骨を細かく刻む際に歌われた「鯨骨切り唄」や「ろくろ巻上げ唄」など、作業の時の歌のほかに祝いの場で歌われた「鯨お唄い」が伝えられている。かつて、島に唯一、唄を歌うことができるご年配のご婦人がいると聞き、呼子の港から定期船に乗ったのは懐かしい思い出だ。

小川島に行き、くじら唄を唯一憶えていた中尾威貴子さん（当時八十四歳）を訪ね、唄って欲しいとお願いし「つつじ、つばきは野山を照らす、背美の子持ちは納屋照らす」と唄っていただいた。今その唄は、昭和五四（一九七九）年より活動する「鯨骨切り唄こども保存会」へと伝えられ、歌い継いでいると聞く。また呼子にも「伝統文化こども教室」が平成十六年に発足し、伝統の唄をかわいらしい声の子ども達が歌い継いでいる。

長州（山口）

産業化する近代捕鯨発祥の地

下関の経済を支えたくじら産業

昭和三〇年代から四〇年代（一九五五～一九七四）の、商業捕鯨全盛期を懐かしむ世代は「下関はくじらの町だった」という。当時の下関は、日本一の水揚げを誇る下関漁港を抱え、国内屈指の水産都市であった。現在の下関漁港にその面影はなくなりつつあるが、くじら産業は下関にとって重要な経済基盤となっていたことは間違いない。

日和山にある岡十郎・山田桃作の顕彰碑。

そもそも下関とくじらの関わりは古く、約二千年前の弥生中期の遺跡とされる吉母浜遺跡から、くじらの骨で作られたアワビオコシと考えられるものが出土している。また壇ノ浦の合戦に敗れわずか八歳で関門海峡に入水された、安徳天皇を祀る赤間神宮が所蔵する安徳天皇縁起図には、壇ノ浦合戦の際に船の下を通り抜けるイルカの群れが描かれている。このイルカは平家物語の中で勝敗を占うために用いられ、軍船の下を通り抜ければ平家の負け、引き返せば勝利とされ、平家の軍船の下をイルカが通り抜けたことで平家は敗北したとされる。

寛文年間（一六六一〜一六七二）には、網取式の長州捕鯨が盛んに行われ、西日本近海で捕獲されたくじらの多くは下関に集められ販売されていた。また長州藩は、捕鯨を積極的に保護した。その一方では運上銀を取り立て藩財政を強化し、幕末にはそれが倒幕資金になったともいわれている。

一八世紀に入るとアメリカ式帆船捕鯨の日本海への進出によって長州捕鯨は衰退していくが、そんな中で単身ノルウェーに渡りノルウェー式捕鯨を学んだのが岡十郎だ。岡十郎は、明治三二（一八九九）年に資産家の山田桃作を社長にして日本最初の近代式（ノルウェー式）捕鯨会社となる日本遠洋漁業株式会社を設立。本社を大津郡仙崎（現在の長門市仙崎）に、出張所を下関に置いて鋼鉄船「長州丸」を建造し近代捕鯨に乗り出した。このことが下関を近代捕鯨の発祥の地とする所以であり、後の南氷洋捕鯨基地へと引き継がれていく。桜の名所や高杉晋作の胸像があることでも知られる、日和山公園の一角には、日本遠洋漁業株

源平合戦で敗れた安徳天皇を祀る「赤間神宮」。
境内には貴重な資料を展示する宝物館がある。

式会社の設立に尽力した岡十郎と山田桃作の顕彰碑がひっそりと立っている。

南氷洋捕鯨への進出

マルハの創業者、中部幾次郎が所有した「長府庭園」。

日本遠洋漁業下関出張所は、その後東洋漁業株式会社本社に引き継がれ、さらに大阪に本店を持つ東洋捕鯨株式会社の下関支店となり、その後さらにトロール漁業の創始者である国司浩助によって設立された日本捕鯨株式会社へと引き継がれていく。日本捕鯨はその後、日本産業の傘下となって共同漁業（後の日本水産）に合併される。現在、下関市には旧日本捕鯨の別館が残り、山口県近代遺産に指定されたレンガ作りの建物に、往時の面影を偲ぶことができる。

明石市から下関市に移り住み、近代的な漁業に取り組み南氷洋捕鯨へと進出したのは、大洋漁業（現マルハニチロ）創設者の中部幾次郎である。中部幾次郎は、土佐捕鯨合名会社を買収し、当時の捕鯨界のリーダー志野徳助の進言によって南氷

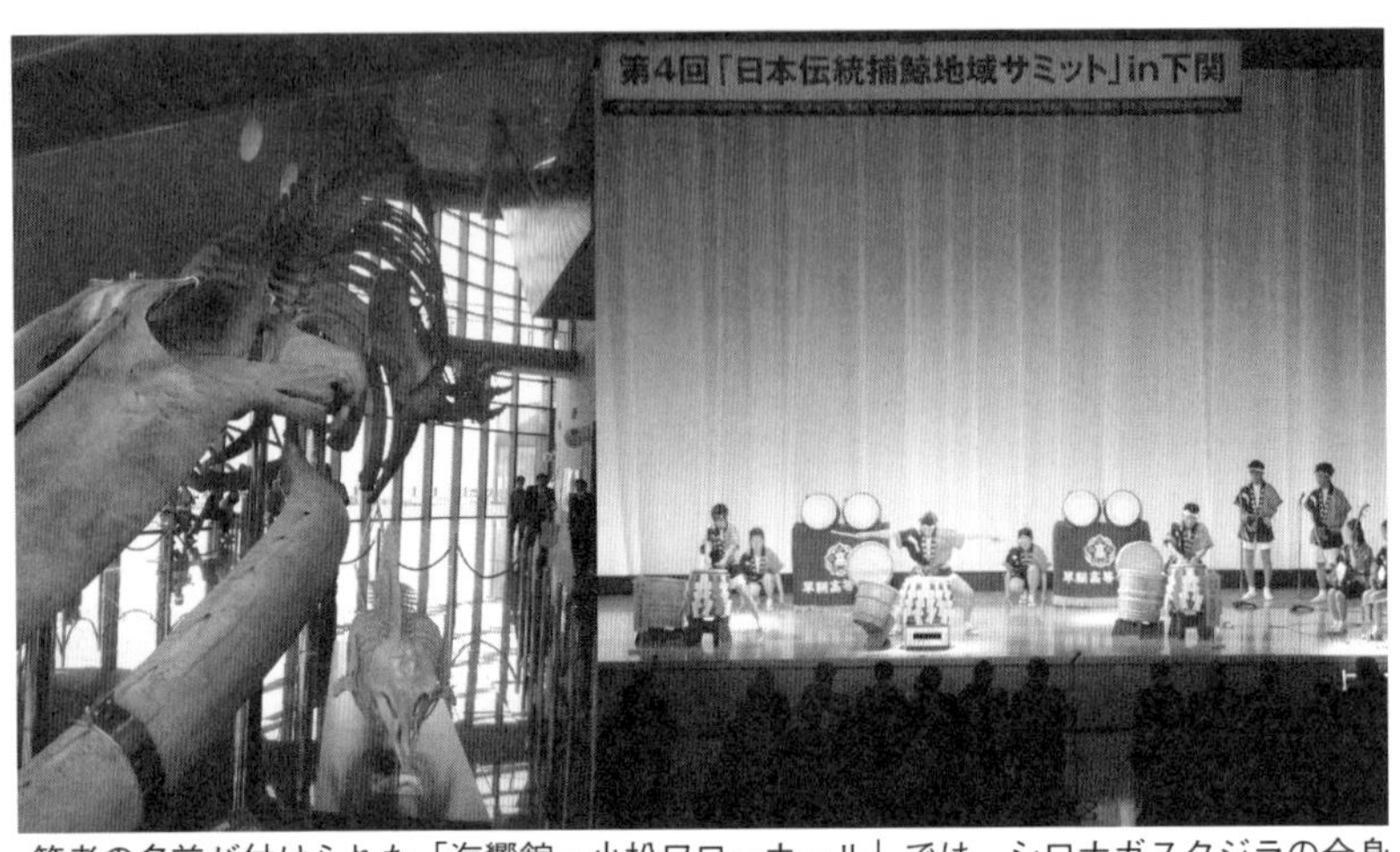

筆者の名前が付けられた「海響館・小松ワローホール」では、シロナガスクジラの全身骨格標本を展示している。(左)
筆者の提言によってはじまり、2005年に開催された「日本伝統捕鯨地域サミットin下関」。地域に残る伝統くじら料理や、伝統芸能も披露された。(右)

洋捕鯨へと進出することとなった。母船・日新丸を建造して昭和十一(一九三六)年に初めての南氷洋捕鯨に出航すると、八百頭をこえるシロナガスクジラを捕獲して帰還し大成功をおさめる。軌道にのった南氷洋捕鯨だったが、第二次世界大戦によって終焉した。

日本の主要都市はことごとく戦災にあい、下関も焼け野原となり、人々は生活難、食糧難を極めた。そこで食糧難を救う方法として鯨肉が考えられ、いち早く大洋漁業がGHQに捕鯨再開を申請し再開すると、街は再び捕鯨によって活気付き始めた。

戦後の下関では、大洋漁業の関連企業である林兼造船によって四〇隻以上の捕鯨船や運搬船が建造され、下関港は大洋漁業の捕鯨船基地となっていく。それとともに冷凍工場やハム・ソーセージ加工工場がフル稼働して鯨肉加工食品を西日本各地に供給し、大規模な工場増設も進んだ。

昭和二四（一九四九）年まで下関に本社のあった大洋漁業は、関見台公園に原寸大のシロナガスクジラをイメージした「鯨館」を建築して下関市に寄贈している。また大洋球場を作って現在の横浜ＤｅＮＡベイスターズの前身となる「大洋球団」を結成するなど繁栄し、下関の経済とも深く関わり街の発展に貢献した。大洋漁業に関係するものは、ほかにも下関市内の各地に点在する。長府毛利藩の家老格、西運長の屋敷跡であり、四季折々に庭園美を楽しむことができる回遊式日本庭園「長府庭園」は、大洋漁業の創業者である中部幾次郎が所有していたもので、下関の突端には大洋漁業の建物群も立ち並んでいた。

商業捕鯨モラトリアム後の下関

昭和五七（一九八二）年に商業捕鯨モラトリアムが採択され、昭和六二（一九八七）年に捕鯨船が帰港したことを最後に下関は捕鯨基地としての役目を終える。しかし引き続き行われた調査捕鯨事業では調査船基地の一つとなり、調査船団出港地として定着した。また、くじらの町として平成一三（二〇〇一）年にはくじらをイメージした外観の水族館「海響館」がオープン。一階にある筆者の名を冠した「小松・ワローホール」では、ノルウェーのトロムソ大学付属博物館から貸与された、世界に数体しか現存しない貴重なシロナガスクジラの骨格標本が展示され、その巨大さが見る人を驚かせている。このクジラは一八八六年に北大西洋で捕獲されたものであり、残念ながら私が欲した南氷洋のシロナガスクジラの骨格標本ではない。南氷洋の骨格標本も所有しており、当

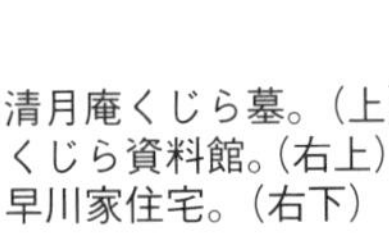

清月庵くじら墓。（上）
くじら資料館。（右上）
早川家住宅。（右下）

初は日本に貸すと言っていたが、ノルウェーは貸してくれなかったのである。しかも大西洋のものも七年間の貸与期間となった。

また、かつての筑豊炭鉱や八幡製鉄所、門司の港湾で働く労働者などを中心に、くじら（塩くじら）の食文化が根強かった地域でもあり、いまなお、日本一のくじらのまちにするという願いを込め、下関市では毎年二月の節分にあわせ、「学校給食・くじら交流の日」としてくじらメニューの給食を提供している。

北浦捕鯨の根底に息づくくじらへの思い

青い日本海に浮かぶ青海島は、長門市の本土側と青海大橋で連絡された。国の名勝及び天然記念物に指定されている島だ。その島の東部に位置するのが「通浦（かよいうら）」である。本土側の漁師が漁業をするために通っていたが、住んだ方が便利だと住み着いてしまったため「通」という名がついた。日本海に大きく口を開けたような地形により、南下するくじらが泳ぎこみ、江戸時代から明治の終わりまで古式捕鯨で栄えた場所である。この地方の捕鯨は「北浦捕鯨」と呼ばれ、「紀州捕鯨」の太地、「土佐捕鯨」の室戸、「西海捕鯨」の呼子・生月、そして「北浦捕鯨」の通・瀬戸崎（仙崎）・川尻と四大古式捕鯨基地の一つを形成した。

この地には「当藩鯨漁の儀　往古は縄網を以って建切り　突衝き候へども　兎角網をやぶり逃げ出し候延宝三（一六七二）年」との記録が残ることから、紀州よりも五年早く網取式の鯨組が組織されたか、同じ頃に操業を開始したと推測することができる（同じ網取でも北浦と紀州では技法は異なる）。通にあるくじら資料館では、国指定重要民俗文化財である「百四十点の捕鯨用具」を中心に、三百年以上前の捕鯨用具などが展示されている。

仙崎・八坂神社の「捕鯨図」。
（仙崎八坂神社所有・長門市指定有形文化財「歴史資料」）

また鯨組の統領を務めた早川家の住宅が残り、白壁で囲まれた二階建ての住居は、柱や梁などが江戸時代のままのもので、黒光りのする厳かなつくりとなっている。この住宅は、もとは廻船問屋も営んだ黒川家のものだったが、天明の通浦大火で延焼したものを早川家が買い取ったとされている。早川家は通で鯨組を組織して紫津浦湾を中心に操業するが、当時「くじらはお金になる」と目をつけ藩財政の柱の一つにしようとしていた毛利藩に、早川家など三家が集まって捕鯨を行うお伺いを立てている。そのうちの網頭であった早川清兵衛家が現在まで続き、今の当主は早川義勝氏である。

北浦捕鯨は四大捕鯨基地としては規模がもっとも小さかったものの、くじらに対する思いは強いものがあった。向岸寺清月庵にはくじらの胎児を埋葬した墓が一六九二(元禄五)年に建立され、さらに、くじらの位牌と戒名までつけた「鯨鯢過去帳」まで残っている。墓は死んだ仔くじらたちの故郷の海である紫津浦湾の方角に向き、七十二体の胎児を埋葬してあると伝えられている。墓標は二・四m、墓誌には「子供を放すといえども、どうせ生きられないので、天国に行ったらどうぞ成仏してください」という意味の「業盡有情雖放不生　故宿人天同證仏果」という文言が刻まれている。また、くじら漁が終わる春には「鯨回向」も行われていた。

日本国中に碑や供養塔はあっても、このくじら墓のように、くじらの死に対する憐憫と感謝の気持ちを深甚に表したものは、どこにも見当たらない。

長門市仙崎の八坂神社にある「捕鯨図」は、紫津浦での捕鯨のようすが描かれたものだが、くじらの周囲にあるくじら船を注意してよく見ると、船には女性が乗っていたり、裸踊りをしている者もいて、お神酒をいただいていると思われる人すら見ることができる。くじらを捕るために命をかけて格闘しているシーンを周りから見て、これを余興にしていたのだろう。

仙崎生まれの詩人、金子みすゞさんの詩「鯨捕り」の中に「いまは鯨はもう寄らぬ、浦は貧乏になりました」という一節があるが、「通」は古式捕鯨の里として、三百年以上も前のくじら文化の原点を見つけることができる町である。

河野良輔先生

　ところで、私には、忘れ難い人がいる。山口県大津郡深川町（現在の長門市深川町）に生まれた河野良輔先生である。

　河野先生は一九二三（大正一三）年三月生まれで、山口県立美術館館長を務められ、その職務の傍ら、萩焼を研究し、若手の陶芸家と博物館の学芸員の指導・育成に手腕を奮われた。その名声は、大英博物館まで届いたと言われている。

　筆者が河野先生に、初めてお会いしたのは、当時長門市市長であった松林正俊氏のご紹介で、二〇〇一（平成一三）年秋のことであった。

　二〇〇二（平成一四）年五月に第五四回国際捕鯨委員会（ＩＷＣ）総会が開催されるに際して、河野先生から、江戸時代に山口県の日本海側で盛んであった捕鯨についてご指導を得るためであった。

　河野先生は二〇〇五（平成一七）年には、『長州・北浦捕鯨のあらまし』（長門大津くじら食文化を継承する会刊行）を上梓された。

　室町時代、江戸時代から明治時代まで網羅された不朽の名著である。

　これによれば、通浦、瀬戸崎（仙崎）浦と川尻浦が中心の捕鯨地であり、その長州藩の行政的な指導のもとに取り立てられたことが伺える。川尻浦は、半農半漁の貧村の打開策として創業した。元禄十一（一六九八）年との記述がある。

　山口県の北浦地方について、最も詳しく書かれている。これも二〇〇二（平成十四）年五月の国際捕鯨委員会下関総会を機に、開催された、第一回伝統捕鯨地域サミットの開催後に精力的に調査研究をなされた賜物であり、そのご努力には、心から敬意を表するものである。

河野先生には二〇〇六年七月、先生自らご案内いただき川尻浦などの捕鯨跡を巡った。その際、安倍家（現・安倍晋三首相）のルーツをご教示いただき、墓参りもさせていただいた。先生は、二〇〇八（平成二〇）年一月にご逝去された。二〇〇九（平成二十一）年に、拙著『宮本常一とクジラ』（雄山閣刊）を上梓後に、故河野良輔先生の御奥様賢子様、ご長女眞由美様とそのご主人河野眞治教授（当時、山口大学経済学部学部長）とお孫さんの瑠依子さんを訪問し、ご仏前に拙著をささげさせていただいた。

また六月には、河野良輔先生を知る松林正俊元長門市長、長門郷土文化研究会会長・藤井文則氏と萩焼深川窯の大家・新庄貞嗣氏にお集まりいただき私を含めて座談会を行った。合掌。

【参照：一二四頁 座談会「くじらを語る―河野良輔先生を偲んで―」】

伊予（愛媛）・豊後（大分）

豊後水道を上ったくじらの名残

黒潮に乗り豊後水道を上ったくじらの遺跡

変化に富み複雑な入江の海岸線が続く宇和海は、イワシの好漁場として知られていたが、太平洋に向けて開けた豊後水道はくじらにとっても入りやすかったと思われ、四国側にも九州側にも寄りくじらは多かった。その痕跡となるくじら塚や墓標石碑を訪ね、伊予市在住で漁民史に詳しい武智利博氏と共に西海町から遊子（ゆす）、明浜町までを巡った。

「飛揚鯨之塚」のすぐ左にも「鯨之墓」と刻まれた碑が立つ。

　記録には残っているものの、管理するもののいなくなったくじら塚や石碑を探しながら回るのは容易なことではない。西海町内泊は、かつてイワシの巻き網漁が盛んだったが、現在はハマチの養殖が主流になっていた。ここで見つけたくじら塚もまた、目の前の海はハマチの養殖場であった。地元の漁師を見つけて話を聞くと、物心ついたころだと言うから昭和二〇年代位

遊子は、高く積み上げられただんだん畑の町。(左)
金剛寺に残る、くじらの戒名が記載された過去帳を前に、住職から話を聞く。(右)

までは、よくくじらが湾に入ってくるのを見たらしい。二つのくじら塚があり、大きい方の墓には「飛揚鯨之塚」の名が刻まれている。伝わる話によればこの墓は、内泊・女呂の浜に突然飛び上がったくじらの墓ということであり、小さい方は「鯨之墓」とだけ刻まれ、こちらも大浜に飛び上がったくじらの墓ということだった。

江戸期の三大飢饉、天保の大飢饉から村人を救ったくじら

西海町から明浜町へと向かう途中で訪ねた遊子(ゆす)は、空へと続くような段々畑で知られる街。江戸時代から始まったという山の頂上まで続く段々畑は「耕して天に至る」と形容され、その言葉通りに急な山の斜面を人々が苦労をして作り上げてきた歴史だ。眼前に広がる宇和海の美しさとも重なり、壮観な景観美を見ることができる。鯨の墓があるのは津の浦の美地島。「飛鯨塔」の銘があり、明らかに寄りくじらのものであるが、詳しいことを知るものはいない。

明浜町・高山の丸石海岸、大きな岩の上で海へと向いているのは、高さ

二mには届かない高山のくじら塚。「鱗王院殿法界全果大居士」の銘が刻まれ、町指定の有形民俗文化財になっている。この墓のくじらは、同町の妙高山金剛寺で葬儀と供養が行われ、同寺の過去帳にも記録が残り、さらに立派な位牌まである。このくじらにつけられた戒名は、最高位の戒名として権力者が用いる「院殿」と位号最高位の「大居士」。ここまでの戒名は殿様くらいのものだ。金剛寺の住職の話によれば「宇和島藩は伊達家の入部によって始まりとする説があり、伊達家では障害のある子どもが早死した場合、くじらに生まれ変わるという言い伝えがある。藩主の子の生まれ変わりとされたとすれば、この戒名もうなづけるものだ」と言うが確証となる文献はない。

吊大魚之霊（左）くじらの位牌。（右）

　この墓のくじらには、もう一つ伝説がある。山のような大くじらがものすごい速さで向かってきて、ものすごい音と一緒に浜に乗り上げた。村のものが奉行に届け出ると、奉行は村で処分をして良いとのお許しを出されたというものだ。墓の銘からすればこのくじらは天保期のもの。天保といえば、大きな飢饉が起こった時である。この寄りくじらによって多くの村人が餓死を免れたとされている。

明浜町の宮野浦に残る町指定有形民俗文化財となっているのは、この浜に寄り付いたセミくじらの墓。「吊大魚之霊」の銘が読み取れる。明治四十（一九〇七）年のものであるこの墓については、明浜町誌が詳しく伝えている。

「明治四十年旧暦三月十三日の昼下がり　二十トン位の帆船戸島の方向より宮野浦港に入港す（中略）中沢金三郎石灰問屋に来ていた大阪の船が碇停泊修理中、船大工田中大録さんがフト見れば、こわ如何に帆船の下を、船より大きい位の魚がぐるぐる回っている。知らせによりニュースは忽ち部落に伝わる。浜はすぐさまお祭の様な騒となる。多分、子鯨が帆船を親鯨と間違ってついて来たのだろう。生取りにしようと話がまとまる。（中略）長さは七尋のセミ鯨。腹には無数の掌大の蠣がつきおり。（中略）後で人々鯨を憐みて、骨を前中学校の裏の、恵比須様の下に埋めて、石碑を立て、吊大魚の霊とす、現在は、子持岩の根元にあり。当時の宮野浦は、道路なく、茶臼山の下を通り、波打際になりしと云う。鯨を獲りし綱は、記念として、小学校の運動会の綱引に使用せしも、現在はなし」

この墓のそばには鯨松と呼ばれた見事な枝ぶりの松があったそうだが、おしいことに枯れてしまい、樫の木だけが残っていた。

瀬戸内海に残る、くじらの骨の絵馬

現在、瀬戸内海でヒゲクジラが捕獲されることはないが、かつては瀬戸内海の奥まで来遊していたことは明らかである。しかし瀬戸内海の捕鯨として記録が残るのは、江戸時代の文久年間における、川之江村で二頭のくじらが捕獲されたという記録だけである。愛媛県の最も東に位置した川之江村は現在、四国中央市となっている。

幅が 1m ほどもあるくじらの肩甲骨に「鯨」と書かれている。

残っている記録によれば、発見されたのは文久三（一八六三）年二月。一頭のくじらが潮を吹きながら悠々とやってきたため、とりあえず発見届を大官所に提出した。川之江村では捕鯨の経験がなかったのだが、どこへも行かないくじらを、このまま逃してしまうのはもったいないと考え、網作りにとりかかった。昼夜問わず網を作り続けて大きな網が出来上がると捕獲にとりかかったが、もちろん、くじらは漁師が個人で捕獲できるようなものでもない。川之江村では庄屋の指揮のもとで、全村民が協力し、なんとか網で捕獲したという。捕まえた後に、また別の一頭がやってきたため、再び発見届を提出し、この一頭も捕獲した。

この時のクジラの骨が絵馬が、四国中央市川之江町の川之江八幡神社に奉納され拝殿に展示されていた。どちらのくじらのものかははっきりしないが、抱えきれないほどの大きな骨に、「鯨」の文字が書かれたものだった。かつては随分たくさんのくじら、魚が豊富に瀬戸内海に入ってきていたに違いない。

国宝文化財の数々の中にくじらの武具

瀬戸内海に浮かぶ大三島にある大山祇神社は、日本総鎮守と呼ばれ全国に一万社あまりの分社を持つ神社。本殿と拝殿は重要文化財に指定され、宝物館には国宝と重要文化財の指定を受けた武具類の約八割が保存・展示されている。

重要文化財「鯨髭張半弓」は、モンゴル帝国が日本に襲来した元寇の時に残していったものと思われる、くじらのヒゲを使った武具である。文永・弘安の役で活躍した河野通有が奉納したものとされ、弓本体の両面と側面にくじらのヒゲを張り合わせ、さらにその上から樺皮を巻いたものとなっている。材質、形状などから中国製のものと思われ、特にゆづか部分に施された意匠に、元時代の特色を見ることができる。

また、同じ敷地内にある「大山祇神社海事博物館」は、昭和天皇の海洋生物研究のための御採取船である葉山丸を、永久保存するために建設されたもの。昭和四七（一九七二）年に開館し、ここではくじらの胎児標本を見ることができる。

くじらの進路をふさぐ半島

愛媛県と広島県とを結ぶしまなみ海道を、愛媛側から渡ったひとつ目の島が大島。大島の東側半分を占める宮窪町（現・今治市）は、動乱の戦国時代において瀬戸内海を制圧した史上名高い村上水軍のふるさと。沖合には小さな島、能島が浮かび村上水軍の城跡が今も残っている。その能島の手前にある小さな鯛崎島にまつわる、くじらの昔話が残されている。

『鯛崎鼻の地蔵さん』

鯛崎島の海岸に、航海の安全を祈っているように見える石の地蔵さんがあり、ある年の春にたくさんの子くじらが親くじらを中心に遊んでいた。そのうち親くじらは大きな岩の上で昼寝を始めたが、子くじらは変わらず遊んでいたところ、いつの間にか潮が引き浅くなったために親くじらは泳ぐことができなくなり海に帰ることができなくなってしまった。親くじらがどんなにもがいても海に戻ることができず、そのようすを見ていた地蔵さんはかわいそうに思い、立ち上がって衣をからげて磯まで歩いてくると、海を眺めて大きな息を吹き出した。するとタコ、イカ、タイ、スズキ、ギザミ、ホゴなどいろいろな海の生き物が現れてくじらの周りに集まった。そして「よいしょ、よいしょ」と地蔵さんの掛け声で力を合わせて親くじらを海へとおろしてやったところ、くじらは大喜びし、「来年からは毎年たくさんの仲

真ん中が「妙鯨之位」。
地蔵さまのつもりか、明らかに後から誰かがつけたものである。

間と一緒にお礼参りに来ます」と挨拶をして立ち去った。それから毎年くじらの群れがやってくるようになり、体を半分ほど海の上に出して泳いでいるのを見ると、土地の人々は、今年もくじらがお礼参りにやってきた、と言って地蔵さんの方を向いて手を合わせた。

このくじらは、体長が二~三間（四~六ｍ）ほどのイワシの群れを追って移動するコイワシクジラ（ミンククジラ）と考えられる。今はくじらの姿を見かけることはないが、かつては瀬戸内海を多くのくじらが通ったのであろう。

くじらの進路をふさぐ半島

四国の最西端で豊後水道に向かって細長く伸びる佐田岬は、日本一細長い半島である。反対の大分側からは佐賀関半島が東に向かってのび、二つの半島がちょうどくじらが進むのを邪魔する形となっている。その半島周囲の愛媛の宇和島市沿岸から、八幡浜市、佐田岬、そして大分側の臼杵市へとくじらの碑が点在する。

佐田岬の北岸、瀬戸町三机（元・伊方町）にあるのが、「妙鯨之位」。かたわらに立つ由来によれば、文化六（一八〇九）年、大鯨がこの入江に入り、体の転向が出来ずにいたのを捕らえ、血が温かいのに驚き、その霊を祀ったものであるという。

ここからさらに佐田岬の先端へと向かい、三崎港から四道九四フェリーに乗れば、一時間ほどで対岸の九州・佐賀関港へと渡ることができる。

関の漁場に残るくじらの墓

佐賀関は、全国ブランドとして知られる関サバ・関アジの漁場。関サバ・関アジはアジやサバには珍しい瀬付き魚であり、ここで産卵して生まれ育つ。この豊後水道佐賀関から臼杵市にかけての、半島北側部分に残るくじらの墓は資料によれば五つ。臼杵市左志生「大鯨善魚供養塔」、臼杵市中津浦「鯨神社」、臼杵市大浜破磯「釈尼鯨」、臼杵市大浜松ケ鼻「鯨之墓」、臼杵市大泊「大鯨魚宝塔」と点在して残る。

左志生に残る「大鯨善魚供養塔」は、海に油が浮いているのを見た漁師たちが、底に沈んでいたくじらを引き上げ、海の神様としてお祀りしたものだが、くじらの種類がなんだったのかはわからない。

痛みが激しい「釈尼鯨」の墓。

中津浦「鯨神社」はいわしを追って湾内に迷い込んできたくじらをとったもので、このくじらを売りかなりの金が入ったため、供養にと石碑を建てたものだ。もともと臼杵湾の漁村ではくじらを取ることができるような村はなく、いわしを網で取る程度だった。くじらが沖を通るとたくさんのいわしが湾内に入り豊漁となり、そのいわしを追ってくじらが湾内に入ってきた。大浜破磯の「釈尼鯨」も、いわしがたくさん捕れたお礼にと墓を建てて供養したものである。松ケ鼻の「鯨之墓」は、村に不幸があり、お坊さんを迎えに行く途中にマッコウクジラが船にぶつかってきたので、モリを撃って捕まえたもの。

フェリーで保戸島へ。
何事も自分の目で確かめておくのが大切。

松ケ鼻のあたりは、フカのモリ漁が行われている場所である。最後の大泊の「大鯨魚宝塔」は、明治元年の頃に大泊港を修築した工事に巨額の費用がかかり、その費用を湾内に入ってきた大くじらを捕まえ売却した代金で賄ったので、そのお礼にと建てたもの。昭和四四（一九六九）年には、くじらのための百回忌まで行ったという記録も残っている。

くじらとは関係がないが、津久見市の四浦半島からわずか百mの沖に浮かぶ、人口千人に満たない保戸島は、マグロ遠洋漁業の基地として知られる島。海岸の急な斜面にマグロ御殿といわれる三階建コンクリート造りの住居が立ち並ぶ様は、地中海の漁港を連想させ、その集落は「未来に残したい漁業漁村の歴史文化財百選」にも選ばれている。一度自分の目で見てみたいと思い、くじらをめぐる慌ただしい旅の中であったが、津久見港からフェリーに飛び乗ったことが記憶に残る。

イルカと人間のふれあいがテーマの動物テーマパーク

別府湾に面し、腹筋をするセイウチで有名になった「大分マリーンパレス水族館」、通称「うみたまご」。約五百種類の海の生き物を展示し、道路をはさんで建つ高崎山自然動物園とともに、大分県内では高い人気を誇る動物テーマパークである。

ここにはイルカと人間とのふれあい・癒しをテーマにする体験パーク「つくみイルカ島」があり、自然の海には数多くのイルカが暮らし、パーク内ではイルカのパフォーマンスを楽しんだり、イルカと一緒に泳いだり、イルカに餌をあげて遊ぶことができる施設となっている。

琉球（沖縄）

捕鯨船保護とアメリカの市場開拓

ペリー来航とくじら

第一三代アメリカ大統領フィルモアの命を受け、ペリーは日本との通商関係を結ぶ目的でやってきた。ペリーといえば浦賀へ黒船来航として知られるが、インド洋を経由してきたペリーは浦賀へ向かうよりも先に、咸豊*三（*琉球の年号）（一八五三）年六月に沖縄・那覇港に来航し、上陸している。来航の目的は、盛んになった中国（清）との貿易の中継地点として、そして北太平洋で操業していた捕鯨船のために、日本を水や食料、燃料を補給できる寄港地にすることが目的であった。ペリーは兵隊を率いて首里城を訪問し総理官などとの会見も行っている。その後本来の目的地である江戸に、軍艦四隻を率いて向かう。大統領の親書を江戸幕府に手渡したペリーは、江戸幕府からの回答を待つ期間、再び那覇港へと戻ると、水、食糧、燃料（薪）の補給、遭難船の救助、外国人墓地の保護などを要求して承諾させ、咸豊四（一八五四）年、琉米修好条約を締結した。

翌年に軍艦を率いて再び江戸に向かい、嘉永七（一八五四）年に「日米和親条約」を締結。那覇に合計四度も寄港したペリーだが、琉球への要求はもはや捕鯨船のためだけというよりも、植民地化の第一歩であり、日本市場や中国市場の開拓を目的とする軍事基地を置くためのものだった。このころ米国はモンロー主義を発表してから領土拡張策に出ており、太平洋に進出し、日本や琉球への来航も領土的野心の表れであるといえる。一八五三年に就任した第一四代大統領ピアースは、キューバ獲得を望み、宗主国であるスペインに対して、キューバの売却か戦争かと威したのだった。

泊外国人墓地の一角には、日本本土よりも先に琉球に来航していたことを記念する「ペルリ提督上陸之地」という記念碑が建てられ、「琉球人の繁栄を祈り且つ琉球人とアメリカ人とが常に友人たらんことを望む」という文字が刻まれている。第二次世界大戦の末期に戦場と化したことや、現在の沖縄には、日本における米軍基地の七〇%が存在する状況を鑑みれば、所詮は米国の太平洋制圧への基地の役割を沖縄が果たしているように見えるが、友好という言葉も、強国の都合の良さを表すものだろうか。

「ペルリ提督上陸之地」記念碑

米国の歴史は、軍事的圧力を背景に各国の資源を手中に収め、本国に持ち帰り、そして製品の販売先であるマーケットを海外へ求めるものである。

この方針は、現在のトランプ大統領になって、より鮮明になった。米国の基本姿勢は、保護主義か、自由貿易かと、その時々の「好都合」によって変化をするだけである。

人道主義や平和友好も表向きの〝かんばん〟であることに注視したい。

くじら食探訪

くじらの専門店「元祖くじらや」

日本の伝統食文化を伝えるくじら料理の専門店は日本海側ではここだけというのが、新潟駅から徒歩約五分の「元祖くじらや」。わたしは最近新潟県庁に新しい水産資源管理の仕事があり、二〇一二年から毎週県庁に通っているが、「元祖くじらや」は新潟駅の万代口をでて左手側に歩いて五～六分の水島町にある。亡くなられたお父さんが熱心で、現在はご子息と母親が切り盛りする。赤身肉のくじらステーキや自家製ベーコン、赤身の刺身、定番の鍋などからくじらを満喫するコース料理まで幅広く楽しむことができると人気があり、くじらを食べたことのない若い世代にも、「くじらってこんなに美味しかったんだ」ということが実感してもらえるはずだ。

元祖くじらや
住所：〒950-0904　新潟県新潟市中央区水島町 7-22
TEL：025-244-1746／FAX：025-244-1748
営業時間：17:00～23:00　定休日：日祝日・お盆・お正月
ホームページ：http://www.http://kujiraya.net/

日本の鯨食文化を守り伝える専門店「くらさき」

日本の鯨食の歴史は古く、古事記の時代からくじらは重用されてきたのだが、全国的にくじらの消費量は減ってきている。くじらの食文化が減ってきたことは寂しいことだが、長崎では今もなおくじらの食文化が色濃く残り、くじらを食べられる店も、どこの店でもと言っていいほどに数多くある。長崎くんちの鯨の潮吹きを守っている万屋町にある「くらさき」は、長崎で四代続くくじら肉の加工食品を販売するくじらの専門店。ベーコンから皮、赤身のブロックまで、これだけの肉のバリーションが揃っているのは長崎だからだろう。くじらカレーやくじらジャーキー、おなじみの缶詰や松浦漬などのくじら製品も数多く並び、店先では揚げたての鯨カツも販売している。南氷洋ミンククじらを使ったやわらかな歯触りのカツは、長崎観光でちょっと小腹が空いた時にもちょうどいいだろう。

鯨専門店 くらさき
住所：〒850-0852 長崎県長崎市万屋町 5-2 ／ TEL・FAX：0120 － 094083
営業時間：10：00 ～ 18：00　定休日：無休
ホームページ：http://www.kujira-shop.jp

【対談】捕鯨とかくれキリシタン

小松正之（東京財団上席研究員）×中園成生氏（平戸市生月町博物館「島の館」学芸員）

中園　島の館は今年で二十年になりますが、大きなテーマにしているのが「捕鯨とかくれキリシタン」です。特にこの地域にはキリシタンに関する重要なアイテムが多く、また捕鯨についても史跡関係は数多い。特にキリシタンの儀式などは、個人の家で行われているものなので、そこに入って行って見るというわけにには行きません。そこで、そういったものをきちんと整理して保存する施設が必要だろうということが論議されてきました。さらに平成三（一九九一）年に、離島だった生月島を、九州本土と繋げる生月大橋ができ、訪れる観光客に見せるための施設も必要ではないか、ということで「島の館」が作られました。作ってからは、収集した資料を見せるだけでなく、深く掘り下げて情報発信をするべきだろうと思って現在は活動しています。かくれキリシタンと捕鯨に関し、直接な関わりを示す明確な資料は今のところはありません。生月のかくれキリシタン信仰の特徴は、禁教以前にまだおおっぴらに行われていた時代の形がそのままに残っていること。祈りの時に唱える「オラショ」も大声を出して唱えたり唄ったりするし、行事の中には屋外で行うものも非常に多く、禁

かくれキリシタンの資料展示にも力を入れている。

教以前のスタイルがそのままに残っていました。なおかつ同時に仏教や神道行事も、盛んに行っていたということがわかってきました。それもごちゃ混ぜにしていたわけではなく、信仰ごとに別々に行われていました。こうしたかくれキリシタンや他の宗教・信仰の在り方を考える時、宗教・信仰もお金が必要な経済活動であることを理解する必要があります。キリシタンと並行して仏教や神道の活動も行うとなれば、必然的に経済的な背景がなければできません。そのような経済面を支えるため、豊かな漁場をベースとした捕鯨を始めとする漁業生産活動が深く関わっていたのだと捉えています。例えば外海（そとめ）地方には、生月とは別系統のかくれキリシタン集団がいます。外海地方は山がちで、海での生産は生月に比べると劣っていました。そのため人口を養うことに限界があり、彼らは五島地域へ移住しなければならなかったのです。宗教のスタイルでも禁教に対応するため、生月に比べるとシンプルなものであったことがわかっています。一般には宗教と経済は別だといわれますが、セレモニーを行うためにはお金がかかりますし、宗教活動を支えるものとして経済は切り離せないものと考えています。

小松　その考えには私もうなずけることは多いです。先日、キリシタンの巡礼地である、スペインのサンティアゴ・デ・コンポステーラを訪ねる機会がありました。ここは、九世紀にキリストの十二使徒の一人、聖ヤコブの亡骸が見つかったことで教会が建ち、街が大きくなっていくわけだけれど、十二使徒といえば紀元前後の話。それが千年も経ってどうしたらこれがヤコブの墓だとわかるんだ、と思い案内人のガリシア州政府職員に理由を聞いてみたところ「It's money」だというんです。つまり、ここを聖地にして巡礼者を集めることで、教会が栄えるというわけだ。まさしく教会もお寺も神道もすべて基本は経済ということができるのでしょう。この場合は教会が信者からどのようにお金を集めるかで、中園さんのお話の、信者自らの信仰の実践のためにお金が必要であるとの意味と、若干の差異はあると思います。ところで先ほど話しに出た「島の館」の情報発信の取り組みについては、どのようなことを考えていますか?

中園 二つ考えていることがあって、その一つは世界遺産。世界遺産登録による人の流れは無視できない

全身骨格標本や大型ジオラマなど、見ごたえのある展示になっている

ものです。長崎・平戸・五島列島という地域を考えた時、「平戸」は非常に興味深い場所です。キリシタン信仰がこの地域で始まったのは、天文一九（一五五〇）年にフランシスコ・ザビエルが平戸で布教活動を行ったことによります。その後早い段階で生月も含めた地域の住民がキリシタンになりました。その一方で同じ平戸市の田平町にある田平教会は、明治になってから外海（そとめ）地域の信者が入植して作ったもの。つまり世界遺産のストーリーの始まりから終わりまでを、平戸の中で辿ることができるのです。長崎以外では天草も範囲で、天草・島原の乱の後非常に厳しい弾圧が行われますが、その天草には「崎津集落」という場所があり、ここでは踏み絵が行われていたことが資料として残っています。こうした歴史の遺産や建造物、資料を紹介しながら、日本人にとって宗教とはどういうものなのかを、問いかけられる施設にしたいと思っています。

中園氏より島のかくれキリシタンについて説明を受ける。

小松　長崎・熊本の西海岸一円を世界遺産とキリスト教というテーマで捉えてみるということですね。日本人は、外国や国際機関のお墨付きを大変ありがたがりますが、日本各地にも世界遺産がたくさんでき過ぎました。検討・審査をするユネスコは、収入が入り嬉しいでしょうが、日本政府ももっと費用対効果を分析し、真剣に世界遺産のメリットとデメリットを考えるべきです。

中園　唯一信仰のキリスト教という日本にはなかったものが入り込んだことで、日本の宗教もリアクションを起こします。その過程の中で、日本人の精神的なあり方、宗教観、信仰感というものが浮き彫りにされていると思います。その中では、仏教も神道も並存するという、ある意味いい加減さなんだと思います。しかし、現在の仏教や神道の形というのは、近世に幕府の禁教政策のなかで整えられたものであって、中世にはもっとごちゃ混ぜでした。

小松　日本人というのはそういうのが得意。なんでもごちゃ混ぜにしてクリスマスだ、お正月だ、除夜の鐘だという。最近ではアイルランドが起源のハロウィーンまで出てきた。柔軟性があるとも言えるが、何もないとも言える。カソリック教のキリスト教の本来のあり方と、宗教との関わりとの中での日本人の特質の例として捉えるべきなんでしょう。しかし、キリスト教も、新教と旧教、またロシア正教とギリシャ正教、そしてアルメニア教があり、また新教であるプロテスタントにも宗派が多い。しかも、それぞれが対立する。十字軍以降はイスラム教徒との対立が著しい。現在でもそれが続いている。

中園　もう一つ考えているのは漁業です。地域の漁業を情報として発信しようということです。地域の中で、漁業に関する展示を充実させて欲しい、という希望もあって取り組むことになりました。漁業の情報を発信していく中で、地域経済の基盤でもある漁業を元気にしていくことが目標です。人口減少する中で世界に目を向けることも必要ですし考えることは多いです。

小松　漁業についてはどの地域にも言えることですが、本質的な取り組みがとても重要です。日本は森と川と海という生態系を大局的に見るレベルが、外国に比べて大きく劣っている。また、最も重要な考えは、科学的根拠に基づいて漁業資源を持続的に管理することです。そのことを強く意識して欲しいと思います。この二点以外は、どんな取り組みでも、ブランド化や六次産業化など枝葉末節です。これをちゃんとしないから魚が滅び獲るものがなくなればブランドもできず、商品がないものですから六次産業化もできない。その結果、水産業に頼る日本の地方が衰退するのです。

【インタビュー①】くじらは長崎のいのち

日野浩二氏（株式会社日野商店 会長）

長崎のくじら商

日野氏は若くして先代からくじら屋を引き継ぎ、長崎のくじら商として「日野商店」の礎を築いた人物。戦前、戦後、そして商業捕鯨モラトリアムを通じ、すべての時代のくじらの状況を知る、まさにくじらの商売と食文化の生き証人であり体現者だ。筆者とは水産庁遠洋課の課長補佐（捕鯨班担当）時代から水産庁参事官（国際交渉担当）の頃を通じ共に苦労し、意見を交した友人であり仲間でもある。水産庁を離れた今でも機会あるごとにお会いし、現在のくじらを取り巻く環境や将来についての話をする。日野氏にお会いしていつも驚かされるのは、半世紀以上もの長きに渡ってくじらと関わり、間もなく九十歳にも手が届くというのに、事業に対する意欲や日本と世界の捕鯨や食について、衰えることもなく、柔軟な発想を持ち続けているということだ。

「くじらは、調査捕鯨や沿岸小型捕鯨、定置網まで含めてもきわめて生産量の少ない産業。いわゆるニッチ産業

80歳を越えて、今なお仕事への情熱にあふれる日野会長。

彼杵鯨肉株式会社。「柱に染み付いたくじらのにおいが、当時を思い出させる」と日野氏は言う。

である。つまりこの状況は、大企業が参入することが難しく、中小企業が頑張れる数少ない産業」だと日野氏は言う。

その日野氏が、長いくじらとの関わりの中で、今も思い出すというのが、東彼杵町での入札会の思い出だ。江戸の初期に深沢義太夫が大村で鯨組を組織して捕鯨業を営み、くじらの水揚げと仕分け基地にしていた長崎・彼杵（そのぎ）は、荷物を陸路で運ぶ時の交通の要所だった。彼杵でくじらの解体や仕分けを行うためにくじらの商人が生まれ、その頃は冷蔵庫もなかったことからくじらの肉はみな塩漬けにされた。当時の彼杵一帯は塩田が広がり塩にも事欠かなかったという条件が揃い、彼杵、大村、長崎の一帯はくじらの食文化が根付いた。東彼杵町に残る「彼杵鯨肉株式会社」は、当時のくじら商人の流れを汲むものであり、年季の入った建物の柱にはくじらのにおいが染み付き、今なおかつての名残を漂わせている。

日野浩二商店の再出発

日野氏の先代もまた商才がありくじらで成功したが、長男を結核で亡くしたことをきっかけに商売から手を引き、出島のオランダ屋敷復元を思いつく。先代が復元運動に奔走するようになり、そこに商売を引き継ぐために婿養子として入ったのが日野会長だ。先代が商売を他人任せにして稼いだ金を出島のオランダ屋敷復元に使うものだから、目が行き届かなくなり使用人の使い込みが始まり、またたく間に店がおかしくなった。そしてついには金が底をつく。日野会長は金になるものは全て処分して残金を清算し、全社員を解雇。大洋漁業に財産のすべて渡すと、日野浩二商店としてまさに裸一貫の再出発を決意する。日野会長、若干二十七歳の時だ。

くじらの量は増えていたが、日本経済も激動の時代であり、時代の変化についていけない問屋は消えていった。死に物狂いでくじらを売った日野会長は、当時の安宅産業の子会社が南氷洋から持ってきたくじら肉を売り、儲けた金で土地を買っては売って、十年ほどで借金を帳消しにすると、昭和四十八（一九七三）年に、株式会社日野商店として法人化をして社長に就任した。

市場で、現・社長と歓談する筆者。

調査捕鯨とこれからのくじら商

「大村、彼杵までふくめて長崎のくじらは一つの大きな食文化。くじらがある間はこの食文化は廃れることはない」と日野会長は断言する。商売にみずから乗り出すことはなくなったものの、日野商店の後を継ぐ社長以下の人たちには、くじらの商売を手放すことなく大事に続けるべきであると話す。東京や大阪では、くじら料理は珍しいものだが、長崎ではどこにいっても、くじら料理を食べることができる。くじらは長崎では日常食品なのだ。

くじらの流通量が少なくなってしまったので、長崎以外の地域で居酒屋のメニューになることがあまりないが、インターネットで食べ方の紹介をして販売するという企業も現れているし、日野商店でもインターネットからの注文を全国に発送している。しかしこれがくじらの新しい文化や商売になっていくためには、くじらに話題性がなければならない。加えてもっと値段が安くなること。かつて「さえずり」が話題になって爆発的に売れたことがあったが、これには大阪のくじら料理店「徳家」のおかみさんが関係している。おかみさんは、商業捕鯨モラトリアムのちょっと前の時、くじらがなくなる、ということに驚き、英語を勉強してIWC（国際捕鯨委員会）に乗り込んだという話が残っているほど商売熱心な人だ。またこの「徳家」のおかみさんは美人で芸能人的なセンスもあることで有名な方。このおかみさんがある時テレビに出られてくじらのハリハリ鍋を紹介した時があった。その時に「これはくじらの舌で〝さえずり〟いいまんねん」と関西弁でやったものだから、そのさえずりの言葉の響きと言い方が可愛らしかったこともあって、くじらは「さえずり」が一番おいしいとなり、全国に「さえずり」が広まったのだ。今でも「さえずり」がく

くじらの現状を嘆く日野会長と筆者。

じらの部位で一番おいしいと思い込んでいる人がいるが、全部その時の影響なのである。確かに「徳屋」で出す「さえずり」のお椀の汁ものは格段においしい。本年四月にも「さえずり」のお椀を味わった。相変わらず美味で舌ざわりが格別だ。

また筆者が平成三（一九九一）年に水産庁で捕鯨の担当になり、和歌山県太地町からの帰りに、大阪まで出てきた時のこと。これまで私自身はクジラ料理を食べたことは、「缶詰のクジラの須の子」しかなく、たいした興味も関心もなかったが、「徳家」で食べたナガスクジラのさえずりの味はいまだに忘れられない。他の場所で「さえずり」のオードブルやお椀をいただいたが、「徳家」のそれのような味と出会うことはなかった。【参照：一二〇頁　インタビュー③「この味を残したい、伝えたい」】

これから先、くじらの商売がどうなっていくのかと問われれば、その答えはくじらのプロである日野会長であっても、商売以前の調査捕鯨の動向に左右される面が大きく「難しい」と言うしかないだろう。かつての商業捕鯨の肉と、今の調査捕鯨の肉をくらべれば、商業捕鯨は大型のクジラを捕獲できたが調査捕鯨は大きさをランダムに捕獲しなければならないので、個体による肉質の差が大きいのは当然である。また、処理の方法が違う。

くじらが日常食である長崎では、市場にさまざまな部位が並ぶ。

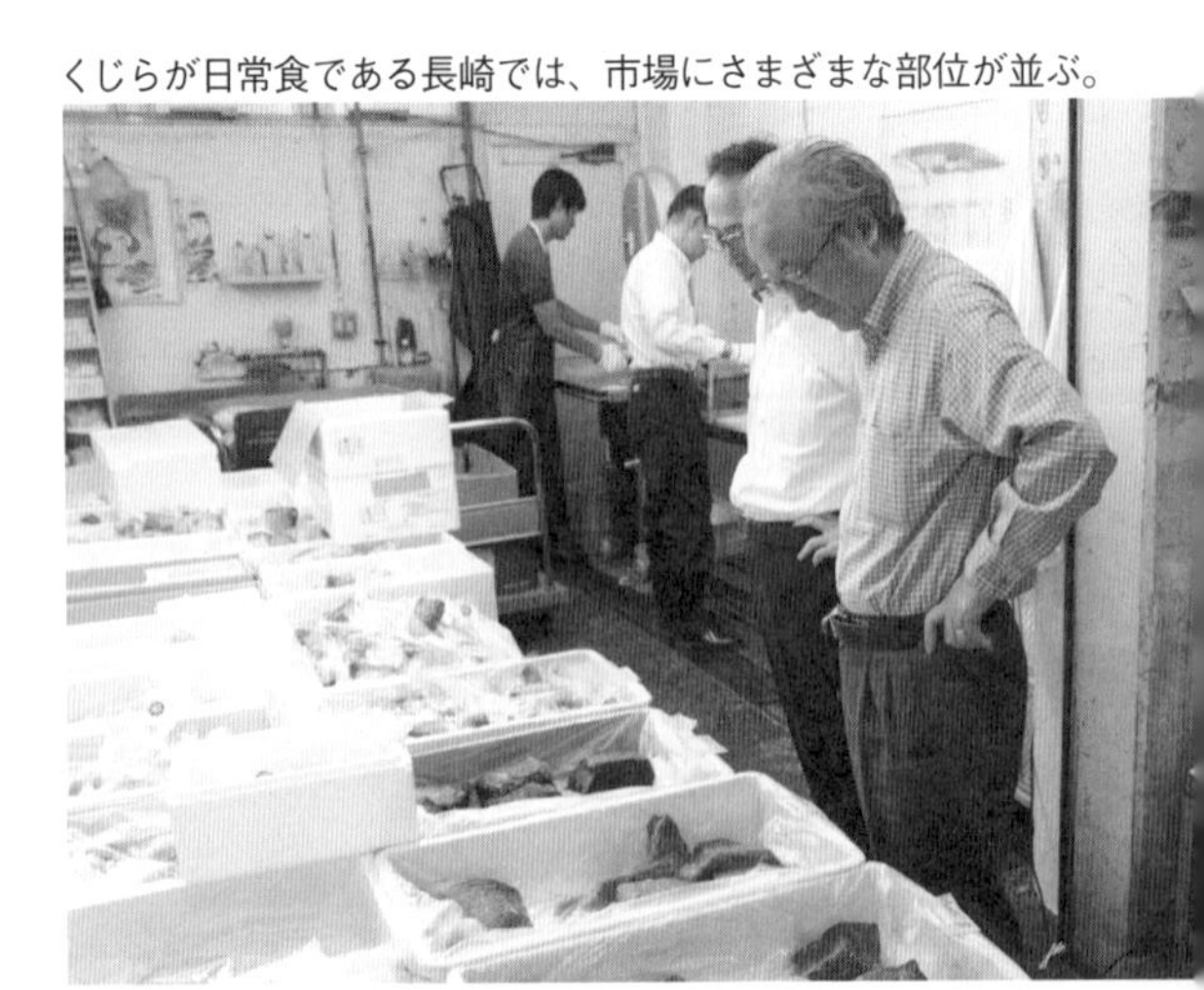

その違いに気づいた若い人たちが、何か新しい発想でものを考えるかもしれないというのが日野会長の考えだ。

社員のために、くじらのために

倒産で全てを失い、そこから立ち直るまで人生の大きな波を乗り越えてきた日野会長。その人生を「ついていた」の一言で済ませてしまうことは簡単だ。日野会長自身も「自分はついているんだ」と思って行動してきたという。人生訓は「ア・リトル・グッド・シチズン（善良な小市民たれ）」。人に害を与えない、法律は守る、そして自分ができる範囲で何かの奉仕をすることだという日野会長は、社員の将来についても心を砕く。貧しかった時代には社員の退職金を積み立てる余裕もなかったが、それでも雇用の責任があると、自分がいつ亡くなっても社員が大丈夫なように保険をかけていたそうだ。会社がよくなった今は、できるだけ賃金を高くすることを考える。さらに寄付や各団体へのサポートも積極的だ。もちろん長崎やくじらのためのものには、真っ先に協力する。こんな一生懸命な姿勢がつきを呼び寄せたのかもしれない。

日野氏をこえる次世代のくじら商となる人材が、再び生まれてくることを期待したいものだ。

日野商店本社に隣接する加工工場。

【インタビュー②】くじらに特化し国内トップへ

本田 司氏（株式会社マルホ 代表取締役社長）

創業100年に向けたあゆみ

大正八（一九一九）年大牟田市明治町で創業したマルホは、大正、昭和を経て、くじら業界トップの地歩を固めてきた加工メーカーだ。本田社長の祖父にあたる本田岡平氏は、くじら産業が盛んな長崎・諫早に生まれ、そこで培ったくじらの食文化を背景に、行商で貯めた資金で福岡・大牟田でマルホを創業した。大牟田といえばかつて炭鉱で栄えた町。三池炭鉱といえば誰しも一度は耳にしたことがあるだろう。過酷な労働だった炭鉱労働者にとって、塩漬けにされた塩くじらは大事なタンパク源であると同時に、汗によって失われる塩分の補給にも適していた食べ物だった。炙って弁当のおかずにすれば、栄養補給と塩分補給が一度にできたのだ。また、くじらを厚目に切って茹でさらしたものが、刺身の代替品としてよく売れた。このさらしくじらがマルホ代々の商品の軸となった。

マルホは、大牟田を基盤にその後、南関、山鹿と南下し昭和八（一九三三）年に熊本へと進出。創業したばかりの日本水産との取引を開始した。戦争をはさんで一時事業の中断を余儀なくされるが、戦後統制撤廃と同時に再開し水産加工会社としての基盤を固めていく。この頃は本田司社長の父である本田隆司氏が二代目となり経営を引き継ぎ、高度成長期とも重なり、ニッスイの魚肉ソーセージを大量に販売して最優秀販売賞を受賞。景気の良い時代を背景に会社を大きく成長させた。その経営手腕は取引先からも高く評価され、この時期に経営の基盤がつくられたといえる。

昭和三七（一九六二）年に本田隆司氏が急逝すると、本田司社長の叔父である本田勝氏が三代目に就任。マルホ鯨株式会社に組織変更している。その後、くじら部門を専業体制にするにあたって、四代目社長に本田司社長の母である本田マサ子氏が就任し、五代目となる本田司社長へと受け継がれていく。本田司社長の就任は平成三（一九九一）年。くじら以外の加工品も増えていたことから、マルホ鯨株式会社から株式会社マルホへと社名変更。現在二百社ほどあると思われるくじらの加工販売会社の中でトップクラスの販売実績を持ち、その状況を本田社長は、水産加工業の中で「くじら」に特化し、徹底したマーケティング戦略を行ってきた結果だと分析する。さらに近年は、国際開発室を新設。長男の本田哲大氏を室長に任命し、海外への展開も検討中だという。また「九州の鯨食文化」を強くアピールするために、話題性のある直販店の展開も計画中であり、経営基盤を固めつつ、新たなリーダー誕生への期待を寄せている。

マルホ五代目・本田司社長。

【インタビュー③】この味を残したい、伝えたい

大西 陸子氏（鯨料理 徳家 女将）

日本人の食文化を守るために、様々な活動の先頭に立って奮闘する女将 大西陸子さん。

戦中、戦後のほんまのくじらの食文化に接していた人が、みなさんお迎えが来ていらっしゃらなくなりました。わずかに残ってらっしゃる人もおるけど、よう外食はせんですから、そういう人に頼っていたんでは商売も成り立たん。そやけどそういう人たちの好みのものを外すわけにはいかん。若い人たちはガッツリ系のものを食べたいから、「くじらのステーキ」やとか「カツ」やとかそんなんを好まれはる。私にしたら赤身系のものは牛でも鳥でも、肉系のものは似てるような料理はある。せやけど白て物の代わりをする食材がないわけですよ。「さえずり」みたいなもん焼いたって美味しくないし、それを煮てあないな風に加工したらすごくおいしゅうなるわけです。それが食文化なんですよ。どないしたらおいしゅうなるん

かなと、ああでもないこうでもないとやった先人の知恵がここまで続いているんであって、これを絶やしたくない。ハンバーガーやら焼肉やら、若い子向けのものをくじらでやったらええやんと言われるんですけど、私はそういうことはしたくない。むかしみたいにどんどんお店が流行るんじゃなしに、徳屋へ行けば昔ながらのくじら料理が食べられるよ、というようなそんな風にしたい。

店に来はる子たちを、こんな若い子たちに「さえずり」なんてわかるんかなあと思て見てるけど「おいしい」言うて食べはる。見捨てたもんやないなあと思います。特に関西の子は「ころ」なんかも食べはる。「おいしいと思う?」と逆に聞くんです。するとな、「こんなもの他で食べられへんから」って。そやから他で食べられへんものをたまに食べたいなと思った時に、徳屋に行けばいつでも食べれるって、そんな風に店を持って行きたいなと思うてもう少し頑張ろうと思てるわけや。

「さえずり」も昔は「サエコロ」いうて関西圏にはあったんやけど、捕鯨の人もみな知らへんかったんや。それをきれいに掃除して何度も下ごしら

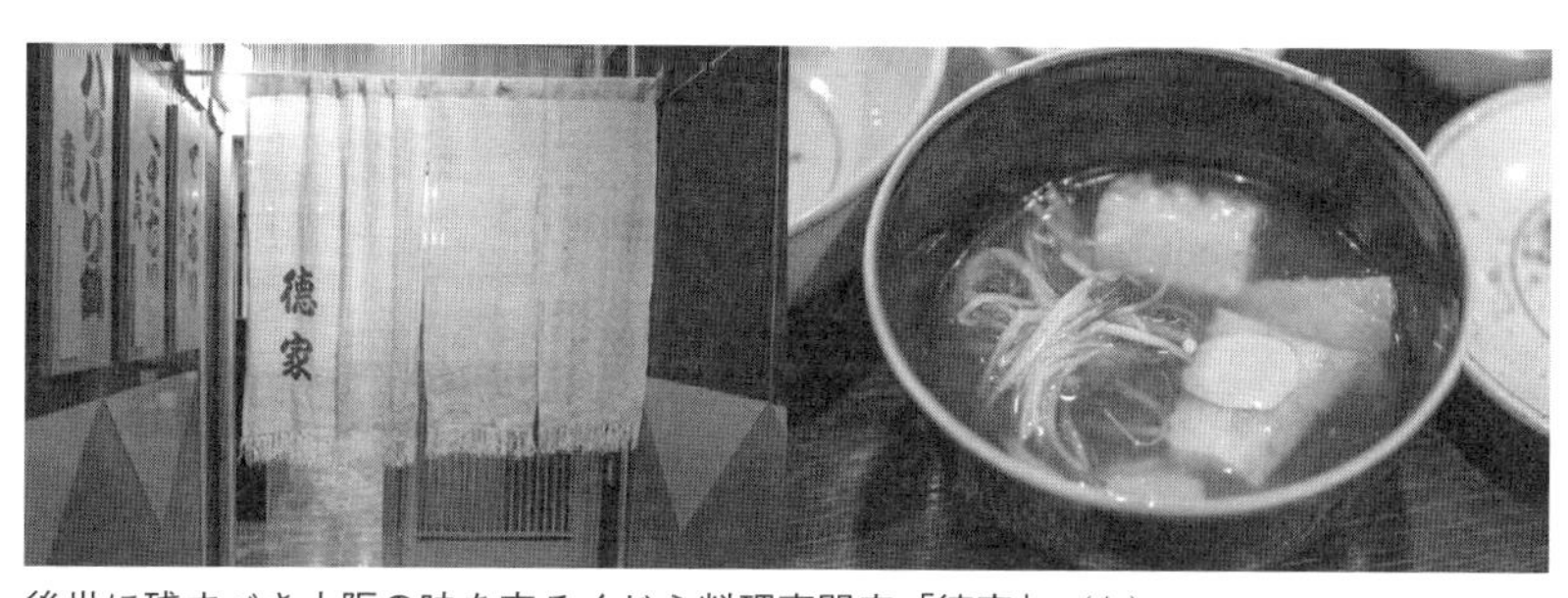

後世に残すべき大阪の味を守るくじら料理専門店「徳家」。(左)
徳家に勝る味はないと筆者が太鼓判を押す徳家自慢の「さえずり」。(右)

かつて庶民の味も今や貴重な食材となったくじら。
徳家に来れば昔と変わらぬ味が味わえる。

えして、ようやく味が染むようになるんや。「コロ」に関しては今はもう大マッコウは獲れへんさかいしゃあないけど、味だけでなく食感も大事なんやと思うわけや。中マッコウでは皮の厚さが違うさかい昔の食感はもうだせんのやけどな。

ここらミナミ界隈の人たちはものすごう口の肥えた人ばかりでな。そんな人たちも好いてくれたのが、徳家の代名詞にもなってる「ハリハリ鍋」やね。大阪のハリハリ鍋はほんまにおばんざいやったんです。今みたいに薄味じゃなしに、すき焼きみたいに甘辛くして、そこにばさっと水菜を入れて炊ききらんうちにバリバリ食べるからハリハリ鍋やったわけや。それを料理屋らしい料理にしないとあかんから、ナガスクジラの尾の身だけを使い薄味にしてスープも飲めるようにして出したわけやね。尾の身だけ使うてるからそれはおいしいわけや。それにくじらも安いし水菜もそこらいっぱいに生えてた。そんなんを摘んでくるから安かったわけで、大阪の家庭料理から生まれた料理やね。

くじらの状況はよくないし、今の業界も手ぬるいな思うけど、うちも歳いってきたし口幅ったいことも言われへんしな。弱音吐いてやめるかな思うけど、後に続く人が可哀想やんか。徳家がやってるんだから思てやってはる人も多いさかい、それこそお迎えが来るまでやめられへんなあ。まじめにコツコツやっとけば見てはる人もいるし、手抜いたらあかんといつもみんなにも言うてはる。うちらが先頭切ってやらなあかんのやから、おろそかにでけへんのや。アイスランドのくじらもな、昔はいいの作ってたけどな、やっぱり指導する人がいないとあかんしな。日本人ほど食材に真剣に向かってる人はいないんちゃうか。

話が古すぎてもういやになるな。うちが話すことなんか、もうなんもないですわ。ＩＷＣにも、もうよう行きませんし。昔は民間の人間が行ってなんかしようとした時にも、受け入れてくれる雰囲気もありましたけど、今はもうそんなこともありませんしなあ。捕鯨計画も先祖返りしたのかと思うような計画になってますしな。歳はとっても、やっぱり新しいことやならあきまへんな、と思うてます。

【座談会】 くじらを語る―河野良輔先生を偲んで―

小松正之（東京財団上席研究員）
×松林 正俊氏（元長門市長）
×新庄 貞嗣氏（萩焼 新庄助右衛門 一四代）
×藤井 文則氏（長門市教育委員会 文化財保護指導員）

長門の伝統捕鯨サミット開催で、一度は死んだ捕鯨が生き返った。

長門の捕鯨は「北浦捕鯨」と呼ばれて、太地の「紀州捕鯨」、室戸の「土佐捕鯨」、呼子・生月の「西海捕鯨」と並び、四大古式捕鯨基地のひとつを形成した。四大古式捕鯨基地の中では最も規模が小さかったが、くじらの胎児を埋葬した墓や位牌、過去帳まであり、この地のくじらへの思いは並々ならぬものがある。

二〇〇二（平成十四）年にＩＷＣ（国際捕鯨員会）総会が、近代捕鯨基地・下関で開催されたことをきっかけに、同じ山口県の長門市において第一回日本伝統捕鯨サミットを開催。長門における古式捕鯨の伝統文化が注目されただけでなく、各地の伝統捕鯨地域の関係者に、あらためて日本の捕鯨文化を再認識させるきっかけを与えた。

とにかくいろんなことで怒られました、と河野先生を懐かしがる藤井文則氏。

小松　本日はお集まりいただきありがとうございます。私はこれまで随分と日本各地を歩いて、捕鯨にまつわる資料を集めました。政府の直接のくじらの仕事も離れましたが、せっかくだからとこれまでの蓄積をまとめたらといただく方もいらして、最後に残った分を本にまとめることになりなりました。そうした時に、私は最後に、思い出深い河野良輔先生のことを、どうしても本に入れたくなりました。河野先生とも縁の深いみなさんと共に、河野先生の話をして掲載をさせていただきたいと思っております。みなさんそれぞれに先生とのお付き合いがあったかと思いますので、どうぞ自由にお話しください。では藤井さんから、そもそも河野先生とはどのようなことでお付き合いがはじまったのでしょうか。

藤井　河野先生は、大津高校時代の歴史の先生で、剣道部の顧問をしておられました。私の父は私たち双子の兄弟が三歳の時に戦死したもので、大学は諦めて就職することにしました。剣道は高校から始めたのでそれほどうまくなかったですが、それでも河野先生は、当時、片親は就職には不利だって言われてたんで、ちょっとでも有利になるようにと県大会に補欠メンバーで連れてってくれた。そんな細かい気遣いや温情のある方でした。ずいぶん可愛がっていただきましたし、ずいぶん叱ってもいただきました。河野先生晩年の一五年間親炙しましたけど、そんなことも知らんのかって、まあ怒られました。河野先生が北浦捕鯨をまとめる時にも、随分お手伝いをさせていただき、写真を撮ったり資料の文字起こしをしたりしました。その甲斐あってよくまとまった本が出来上がったと思いますが、今の自分があるのも全て河野先生のおかげです。

小松 本というのは『長州・北浦捕鯨のあらまし』ですね。確かにあの本はよくまとまっています。ずいぶんご苦労されたのでしょうね。新庄さんはいかがですか、河野先生との最初の出会いは。

新庄 僕は家と家の付き合いといいますか、先生のお父様の代からすでに祖父が親交がありました。大津高校ではちょうど先生と私が入れ替わりで、先生は県の教育委員会に転勤されたので直接にはお付き合いはありませんでした。なので僕が長門に戻ってきてからお目にかかったと思います。結婚するときには仲人をお願いして引き受けていただきましてね、その後、昭和五十一（一九七六）年から萩の松本と長門の深川で、両方の窯の発掘調査を山口県教育委員会がやることになりました。その後約十年間の発掘の結果、古い作品の編年が大きくかわり、この発掘調査は、萩焼にとって大きな出来事になりました。

河野先生の大きな功績はこの発掘調査ともう一つ。毛利家文書などから文献的な萩焼の資料を見つけ出されたことだと思います。萩焼では初めてとなる系統立てた発掘調査と文献資料によって、萩焼の全体像が浮かび上がってきたと言えます。

小松 なるほど。ということは松本と深川の発掘による比較と、文献的との比較によって思っていた年代と違うというような、窯の編年が変わるような大きな発見があったということでしょうか。

新庄 いや、これがなかなか難しくてですね、何しろ江戸初期から始まっているものなので残留磁気測定にしろ同位元素の測定にしろ、出てきた結果は誤差の範囲になってしまうのです。ですから科学的な分析をやったからといって、窯の順番がわかるかというとそうはならないわけです。ですからまだわからないことは多い。僕らは疑問に思うと先生に聞くわけです。そうすると先生は「そんなものわかるか」って一笑に付される。「物にはわかることとわからんことがある。これからいろいろ出て来れば、わかることもあるだろうが、今の時点でそんなことはわからん」とおっしゃられて。

小松　河野先生らしいですね。松林さんはいかがですか。市長ならではのお付き合いもあられたのではないですか。

松林　僕も新庄君と同じように、大津高校で習うことはなかったし、今、思えば新庄君と先生との関係に僕があとから入っていった気がします。関係がより濃くなったのが選挙。最初に市長に立候補した時に、先生が私の意欲を買ってお前を押してやろうと。その時の仲介者になったのが新庄君でした。それから何年か経って、下関でＩＷＣ会議が開かれるわけですが、先生が私のところに来て「こんなチャンスを黙って見逃すのか」と言われるわけです。それで私は、水産庁に出向いたわけです。そしたら小松さんがおられて「下関の話に長門が乗っかっちゃうの。都合のいい話だね」と言われてしまった。それでも下関の準備段階の時に長門にも一度来ていただいて、市長室で河野先生と、一緒に小松さんを出迎えました。河野先生はもう待ち構えているわけで、小松さんがいらっしゃるなり、もともと捕鯨の歴史的には下関はあとで長門が先で本家本元だと、とうとうと語り始めるわけです。そのうち河野先生は今の体制の不満も言い始めて止まらない。そのうち小松さんは私の方を向いて「市長、いったいこの人は味方なのか、敵なのか」って。もちろん笑いながらの話なんですけど、強烈な三人の出会いでした。

左）藤井文則氏、中）新庄貞嗣氏、右）筆者

小松　私も憶えていますよ。それまでは日本の捕鯨イコール下関で、太地や戸畑も印象にないわけです。ましてや長門は頭の片隅にもなかった。今となっていえば、それなのに、という話なわけです。それから案内されて色々回るわけですが、わからないことが多い。まず「通（かよい）」という地名がわからなかった。昔は道路がよくなかったから、漁師が漁業をするために通っていた場所に定住したということなんですけど。それから一番びっくりしたのは清月庵のくじら墓。慰霊碑や塚というものは全国に多いのですが、純粋に墓というのはここにしかない。それに何千体もの戒名がずっと記録してある。これはすごいことで、こういう土地柄なんだという思いを強くしました。私はそれまではずっと科学的な根拠と法律で海外交渉を進めていました。もちろんそれで通用しないとダメなんですが、今のアメリカやオーストラリアを見ていると、科学と法律が通用する時はそこで攻めてくるのですが、通用しなくなるとわけのわからないことを言い出しはじめる。その時に有効にアピールできるのは人間の生き様

萩焼研究において河野先生の果たした役割の大きさを話す新庄氏。

である文化であり伝統であり歴史なんです。それが私もだんだんとわかってきて、下関のＩＷＣ会議に合わせて長門で第一回の伝統捕鯨サミットをやろうということになった。どうしてそんなことを思いついたのか、今となると、松林さん、あれは松林さんと河野先生の熱意なんでしょうか。もちろん決めたのは政府なんですけど、きっかけと原点はお二人にあったのかもしれないと感じます。

松林　今まで文化的な観点から捕鯨をとらえたことがないという言い方を、当時、小松さんはされていましたね。どこにもないくじらの墓や過去帳は、くじらの文化を発信するために十分であると、判断をされたと私は思っていました。

藤井　今でも伝統捕鯨サミットでよく憶えているのは、アンティグア・バブーダや大西洋諸島の代表が神妙にお焼香している姿です。

小松　白人たちはみんなボイコットしていましたけど、あのシーンは日本の放送局にも海外の放送局にも、何か新しさがあったんじゃないかと思います。

松林 あそこまでのコーディネートを小松さん以外で誰ができただろうと思いますね。当時のことを説明しろと言われても説明しきれるものではないですが、今でも鮮明に浮かんできます。

小松 長門の伝統捕鯨サミットの効用は、外国に情報が発信できて理解が深まったことと、サポート体制が国内に広がったことでしょう。それまでは大阪の市場に行ってサポートしてくれというと、捕鯨は死にましたというようなことを言うわけです。しかし一見死んだようだと思われていた捕鯨も、長門のくじら文化の発掘のあとでは、どうして長門だけなんだと、太地や室戸、長崎の五島列島が言い始めた。何かやらないといけないという思いが心の中にくすぶっていたわけです。長門によって捕鯨の歴史は過去だけじゃなく現代まで繋がった。その意義は大きかった。歴史を現代につなげるというようにすると、みんなが元気になるんですね。

藤井 その通りです。河野先生もおっしゃる通り元気が出たんです。自分が地道にずっと調べてきたことが、ＩＷＣとつながって、そしてそれが長門の伝統捕鯨サミットになりました。そしてそれまではつながりの薄かった下関でも、伝統捕鯨サミット以来、下関の市長がくじらの文化は長門が最初だというようになりました。その裏づけとして河野先生が調査してきた北浦捕鯨が活きました。その時に河野先生がおっしゃったのは、川尻捕鯨も含めて黄波戸も瀬戸崎もある、それをやりたいと。私はそれを繋いでいかなくちゃならんと思っています。

歴史はすべて足でかせぐしかないと、河野先生に教えられました。

小松　それでね、昨日も藤井さんの資料をいただいたわけですけど、すごいんですよ、量が。河野先生の影響かどうかわかりませんが、このエネルギーがどこから湧いてくるんだろうと驚いているところです。

藤井　それは私は河野先生の仕事をずっと見てきましたから。先生は歴史はすべて足でかせぐしかないと。萩焼展を当時私が勤務していた長門郵便局の窓口で実施する際にも、先生は暑いさなかに私を連れて窯元を一軒ずつ挨拶される姿を見ていますから。

小松　ところで新庄さん。以前に私が書いた追悼文があるのですが、そこで私は河野先生のことを、「山口県立美術館長を務められ、その職務の傍ら、萩焼を研究し、若手の陶芸家と博物館の学芸員の指導・育成に手腕をふるわれた。その名声は、大英博物館まで届いたといわれている。」と書いています。これはおそらく松林元市長から聞いた話をそのまま書いたと思うのですけど、大英博物館との関わりを少し補足いただけませんか。

河野先生とともに長門における第一回伝統捕鯨サミット開催に尽力した元長門市長・松林氏。

新庄　山口県立美術館で大英博物館展が開かれたことがありました。その時に大英博物館の日本部長が来日し、いろんな産地をあるいて作品をピックアップされたことがあって、その時、河野先生が美術館長だったということが、ご縁ではなかったかと思います。ちょっと思い出しましたので、海外とのつながりということで余計な話をしますと、そのあとパリで萩焼四百年展を開いた時に、実行委員のメンバーと一緒に行かずに一人で行こうと思っていたら、河野先生をお世話する人がいないから河野先生と一緒に行ってくれということになりました。おそらくあの時が先生にとって初めてのヨーロッパだったと思います。帰りは実行委員のメンバーがロンドンを回って大英博物館に行くというので、先生も一緒にロンドン経由

河野先生らしいエピソードに思い出が蘇る筆者。

で大英博物館に行かれました。おそらく大英博物館も初めてだったでしょう。

松林　実はおもしろい話があってですね、河野先生と一緒にパリ大使の公館に呼ばれたことがありました。公館の中には歴代のいろんないいものが置いてあるんです。その中に甲冑があってパッと見たら丸に十の字。当時大使は小倉大使と記憶していますが、これは薩摩のものですかと聞いたらその通りだという。すると先生が薩摩は長州とは合わない、しかも薩摩は陶工に関しても大事にしない。その点毛利は、と始められた。そこに大使の奥さんもいらして、大使が一言、実はうちの家内は島津の出でして、と言って事なきを得たことがありました。今では笑い話です。

小松　薩摩、長州の話になると私はいつも戊辰戦争を思い出します。私の田舎は岩手県なのですが、いわゆる戊辰戦争の奥羽越列藩同盟です。長岡や会津ほどいじめられたわけじゃないんですが、くじらに関わっていると、ご先祖様は随分長州にいじめられたのに、どうして私が長州のために働かなくちゃいけないんだと。山口に来た時には笑い話の一つに、随分あちこちでそんな話もしました。

まあ、長州の話を始めると維新につながっていくわけで、歴史というのはすべてどこかで延長線上にあるような気がします。

さて、話が随分広がってしまいましたけど、みなさん河野先生との思い出が蘇ってきたようで話も尽きません。本日はみなさん、どうもありがとうございました。

〔平成二十九（二〇一七）年六月十一日長門市教育委員会文化財保護室にて〕

ザトウクジラ

くじら探訪

東日本編

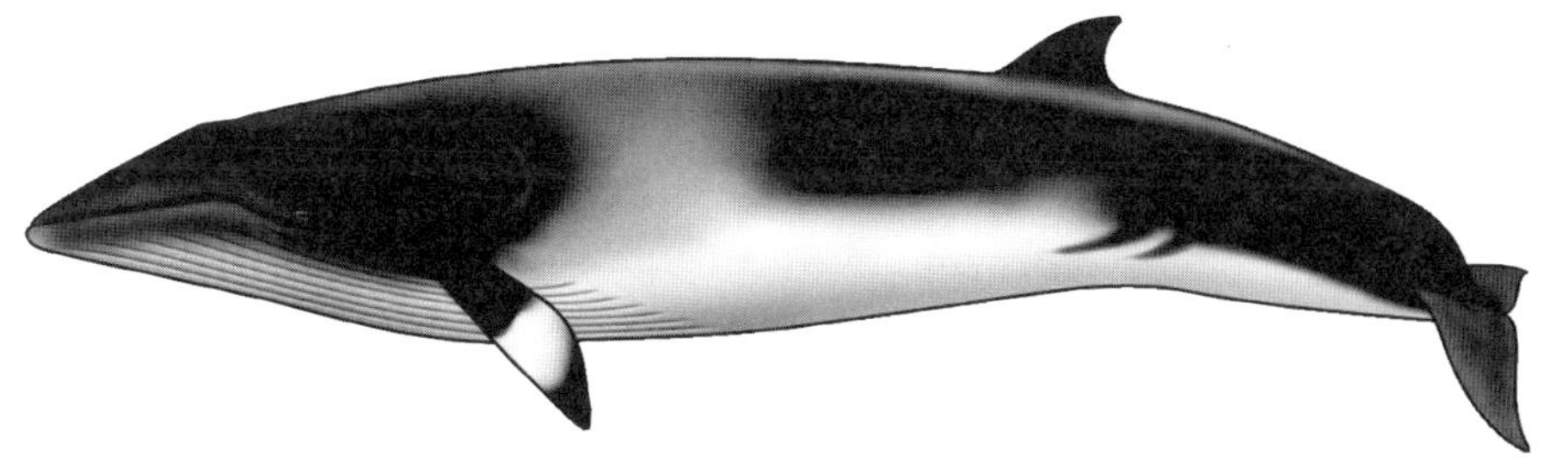

ミンククジラ

蝦夷（北海道）

日本を代表する捕鯨の地

北の国防を目的にした捕鯨

縄文時代から人間とくじらの関わりがあったのは、北海道でも同じ。アイヌの人々においても、くじらを天の恵みとして大切に利用をしてきた。日本の国防上の意味においても重要な位置にあった北海道は、北の守りを兼ね拓殖を行い、一八世紀頃になって捕鯨史が大きく動き出し始めた。明治時代には多くの捕鯨会社も生まれ、昭和三〇年代にかけて隆盛の時代を歩んだ。

北海道では、各地の縄文・弥生文化時代の遺跡から紀元前一一世紀〜紀元前一世紀にわたるくじらの骨が発掘され、当時の人々がくじらを利用していたことがわかっている。さらにオホーツク文化時代（五〜九世紀）にはくじらの骨製の銛や鍬も使われていたと推測され、根室市の弁天島貝塚からは捕鯨彫刻図入りの鳥管骨も出土している。その後アイヌ文化へと引き継がれて寄りくじらが貴重な食料として利用されるようになる。

日本との通商と開国を求めてロシアのラクスマンが根室に来航したことをきっかけに、鎖国を続けていた幕府は国防の必要性を考え始め、伊能忠敬や近藤重蔵らを派遣。蝦夷地の地理を調べさせ、寛政一一（一七九九）年には松前藩が統治していた東蝦夷地を幕府の直轄地にして国防の強化を図ると、享和二（一八〇二）年には安房勝山で約六〇〇人もの羽刺を抱えていた「醍醐組」に、蝦夷地の捕鯨場調査を命じた。択捉島まではたどり着くことができた醍醐組船団であったが、厳しい自然環境に耐えられずに病に倒れるものが続出し、さらに日本がロシアからの通商要求を断ったために紛争が起き、醍醐組は蝦夷地での捕鯨を断念することとなった。また淡路島生まれの廻船問屋の豪商、高田屋嘉兵衛は、平戸藩主の松浦氏と協力し、的山大島の羽刺を蝦夷の地に連れていっている。

アメリカ式の捕鯨を描いた「鯨之功用」揚州周延。

　半世紀ほど後の安政五（一八五八）年に、箱館奉行の命によって再び蝦夷地に派遣された醍醐家八代の定組は、箱館（現在の函館）から出航した蝦夷地一周航海で、新しく開発されたボンブランス銃を使ってくじらを仕留め、さらに樺太まで北上する大掛かりな遠征を行っている。万延元（一八六〇）年には蝦夷地捕鯨願を提出して許しが出ると、すぐに蝦夷へと向かったが病気により捕鯨場の開拓を断念。文久三（一八六三）年を最後に醍醐組の蝦夷地遠征は幕を閉じた。

　醍醐組が蝦夷地での捕鯨に取り組んでいる間の嘉永六（一八五三）年に、ペリーの艦隊が日本に来航。日本の捕鯨は大きな転換期を迎えていた。一八二〇年代から日本の近海では三百隻もの米国の捕鯨船が操業し、ペリー

ドイツ人絵師ハイネが描いた「横浜応接所へ入るペリー一行」。

の目的はそうした捕鯨船の食料や水、薪の補給と、難破船の船員救助と米中貿易の中継点としてに日本の港を利用できるようにすることだった。ペリーの要求によって横浜や長崎の港が開港し、北海道では箱館（現函館）が開港する。日本海側をセミクジラの捕獲場にしていた米国の捕鯨船にとって、太平洋側からの通り道となる津軽海峡の港が必要だったのだ。嘉永七（一八五四）年三月に日米和親条約を締結したペリーは、四月には視察のために箱館に来て、称名寺に滞在して松前藩家老・松前勘解由との交渉を行った。その結果、安政六（一八五九）年に日米修好通商条約が締結され、箱館が開港することとなった。この頃には、すでに米国捕鯨船によって太平洋と日本海の双方の日本近海のくじらが乱獲されて、日本の捕鯨量は大きく落ち込んでいた。市立函館博物館が所蔵する、文久元（一八六一）年〜文久三（一八六三）年頃の箱館港が描かれた「奥州箱館之図」は、和船に混じって外国船が港に停泊するようすが描かれた興味深い資料となっている。

北海道捕鯨の発展の礎

明治に入ると、明治維新によって御扶持離れになり浪人になった石川県の武士、斉藤知一が、一旗揚げようと北海道に渡り道北の羽幌で網取式捕鯨を始める。しかし「捕鯨ニシン漁の敵」と主張する地元漁業者の反対にあってしまう。再三の交渉で操業にこぎつけコククジラを捕獲するが、資金面で行き詰まって捕鯨の権利を日本帝国水産会社に譲渡し、自分は捕鯨部門の責任者に就任した。その後、炭鉱事業で成功した斉藤は、実業家としての腕をかわれ明治四二（一九〇九）年に大日本水産（のちに東洋捕鯨が買収）の専務となる。再び捕鯨に取り組んだ斉藤は、会社の発展に力を注ぎ、明治四四（一九一一）年には樺太で五十頭のくじらを捕獲したという手紙を残している。

ノルウェー式捕鯨砲

ノルウェー式捕鯨の導入と捕鯨会社の乱立

日本でノルウェー式捕鯨が始まったのは、長崎県五島有川出身の原真一率いる、長崎捕鯨による明治三〇（一八九七）年のこと。

日本近海でのロシアの捕鯨に刺激され、多くの捕鯨会社が近代捕鯨法であるノルウェー式捕鯨の導入を試みる。その多くは失敗に終わったが、その中で成功した捕鯨会社の一つに、日本近代捕鯨の先駆者といわれる山口県出身の実業家、岡十郎によって設立された日本遠洋漁業（のちの東洋捕鯨）がある。

ノルウェー式捕鯨では、船に大砲を設置しロープがついた銛を発射するため、遠くにいるくじらでも捕獲することができるようになった。そのうえ船の性能もアップし、逃げるくじらでも追いかけて仕留め、そして引き寄せて回収することも可能になった。日露戦争に勝利し、ロシアから拿捕した捕鯨船と朝鮮近海での捕鯨権を手に入れ、さらにノルウェー式捕鯨が定着すると新しい捕鯨会社が次々と参入。明治三九（一九〇六）～明治四〇（一九〇七）年のわずか一年の間に一一社もの捕鯨会社が乱立することとなった。各社は日本沿岸から朝鮮半島、小笠原、台湾などに次々と新しい捕鯨基地を設置し、くじら資源の豊富だった千島列島周辺まで漁場を拡大した。

捕鯨会社の乱立は商品価格の低下や人員の奪い合いになり悪影響を及ぼす。その状況を改善するために日本遠洋漁業の岡十郎らが中心となって日本捕鯨水産組合を設立。捕鯨会社の統合を行って東洋捕鯨が誕生する。こうしてそれぞれの捕鯨会社は、漁場を探して北海道や三陸地方へと向かい、東洋捕鯨は室蘭に捕鯨基地を設置。本格的なノルウェー式捕鯨が北海道でも行われるようになった。

北海道進出と近代捕鯨の発展

大正時代に入ると大手捕鯨会社が次々と北海道に捕鯨基地を設置する。東洋捕鯨は大正四（一九一五）年に網走に進出し、さらに翌年には四社を買収して根室・昆布盛、昭和元（一九二六）年に霧多布に進出して千島列島海域での操業をスタートさせ、主にマッコウクジラやナガスクジラを捕獲した。

後の大洋漁業へとつながる土佐捕鯨は、昭和六（一九三一）年に厚岸に進出するが、厚岸への進出にあたっては日本捕鯨の先駆者といわれた宮城県野蒜（のびる）出身の志野徳助が力を注いだ。厚岸の街は捕鯨基地ができたことで北洋漁業の基地として発展し、工場や飲食店が生まれ経済の発展にも貢献することとなった。

厚岸町の真龍神社の小高い丘の上には、捕鯨業を通じて厚岸の経済発展に寄与した志野徳助の功績をたたえ、大洋漁業（現マルハニチロ）創設者の中部幾次郎題額による顕彰碑が海に向かって建てられている。

戦時中となる昭和一九（一九四四）年には、戦禍を被る可能性が大きくなった択捉島・蘂取（しべとろ）事業所を閉場した極洋捕鯨が、釧路港に事業所を開設。初年度に二一一頭を捕獲するが、戦況の悪化によって捕鯨船と人材の多くを失い中断を余儀なくされた。昭和二一（一九四六）年に再開されると十三頭、翌年からは六八頭、一〇六頭、二一一頭と捕獲頭数を増やして成長する。

昭和二六（一九五一）年には、霧多布で操業していた日本水産も釧路に進出。釧路の港には北側に極洋捕鯨、南側に日本水産が捕鯨基地を構え、一大捕鯨基地港へと成長した。

沿岸小型捕鯨基地「釧路」の全盛期

釧路の捕鯨は、戦時中の食糧難だった時にミンククジラを捕獲したことが始まりだが、地元の漁業者たちも小型の船を使って独自に沿岸小型捕鯨を始める。これが当時の食糧難解消に大きく貢献し、鯨食文化が地域に根付くきっかけとなり、釧路はミンククジラを捕獲する沿岸小型捕鯨基地として活躍した。

北海道の捕鯨が他の地域と大きく異なる点は、捕獲したミンククジラを洋上の船内で解体したこと。そのため新鮮で美味しい肉を食べることができた。当時の味を懐かしむ釧路の人は未だに少なくない。

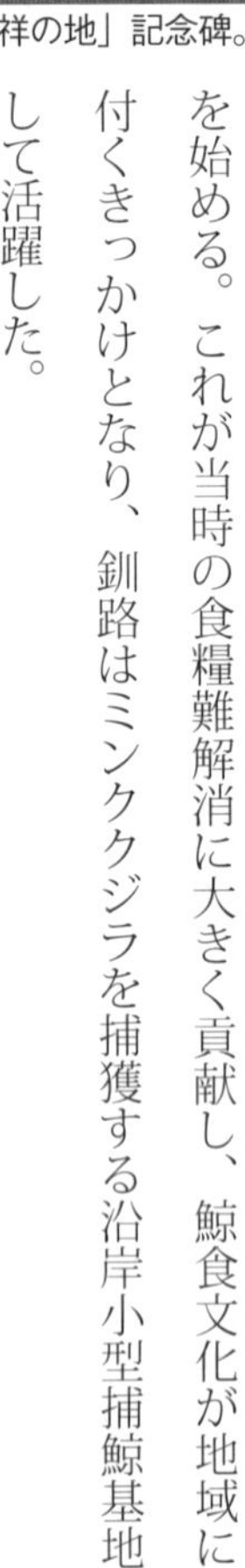

「フンペリムセ発祥の地」記念碑。

釧路に残る捕鯨の文化

釧路港周辺や厚岸、霧多布などには、いまなお捕鯨の痕跡を感じさせるくじらにゆかりのある場所が数多い。

かつて極洋捕鯨釧路事業所があった場所は釧路造船鉄工株式会社になったが、ここはかつてくじらをウィンチで引き上げていた場所であり、釧路重工業株式会社は解剖場跡など、当時の地形をほとんどそのままに利用している。またかつて日東捕鯨株式会社として設立した現在のデルマール株式会社釧路工場敷地内には、日東捕鯨の解体場用に作られたスリップウェイ跡が今も残る。

北海道に古くから住み独自の文化を持って暮らしてきたアイヌ民族も、くじらを貴重な食料として利用してきたが、くじらが上がった時に感謝の表現として行われてきたのが「フンペリムセ（くじら踊り）」である。白糠町で行われるアイヌの祭礼では、いまなお「フンペリムセ」が踊られ、祭礼会場となる場所には「フンペリムセ」発祥の地として、くじらの形をしたオブジェ「フンペカムイ（くじらの神）」が建てられている。

たくさんの来場者で賑わう「oh! さかなまつり」。

調査捕鯨の基地の町

商業捕鯨が一時停止となり、捕鯨の歴史が中断した釧路だが、生態系の解明や漁業との競合の問題、ミンククジラ資源の系統群の解明を目的とした調査捕鯨の基地の町としてのあらたなまちづくりも進められている。釧路市と漁協などが一体となってくじらの文化を広めるために「釧路くじら協議会」が設立され、例年九月の上旬に行われる「Oh!さかなまつり」では、くじら料理を提供する店が出店して来場者を楽しませている。さらに釧路市内の小・中学校の一部で、年に二回ほど給食にくじらのメニューが提供されている。釧路市立博物館では釧路の自然や生き物、アイヌの文化などを伝える展示を行っているが、釧路の海に住む生き物の一つとして、ミンククジラの骨格標本が常設展示されている。また、現在は捕獲が禁止されている貴重なシロナガスクジラの下あごの骨も展示され、来場者の誰もがその見上げる大きさに驚かされている。

アイヌ文化と道南地域の捕鯨

道南地方においては噴火湾（内浦湾）を中心とするアイヌ民族による、原始捕鯨の民族文化があった。噴火湾での捕鯨は、温暖な五月頃に行われていたが、最初からくじらを目当てにしていたわけではなく、ほかの魚や海獣類を漁獲している時に、くじらが近くに浮かび上がるのを見つけた時に、毒のついたハナレ（銛）を投げて捕っていた。用いられた毒はトリカブトである。アイヌ民族はトリカブトの毒に、キツネかハシボソカラスの膽（きも）を少し入れたものをくじらに使う毒としていた。これは突かれたくじらを、浜に向かって寄せる効果があるとされていたためだが、アイヌ民族はくじらに対しても供養を行うなど特別な思い入れがあった。

実際の捕鯨のようすなどは「アイヌの捕鯨（名取武光著・北方文化出版）」の翁アイヌの話に見ることができるので、少し長いがその一部を抜粋してみる。

「長萬部の沖に出て、魚をついてゐると、午前九時頃であらうか、鯨が現はれた。約十間位も離れてゐた。年長者のエカクシチヤが、第一番のハナレを打ち込んだ。檞の柄の重みが力になって深く刺さつた。鯨は抜き躍ねして海底深く沈んだ。廻ってゐる。約一時間もたつた頃、再び浮かび上がつた。潮を吹く。此の時儂が第二番のハナレ附けた。又水底深く沈んでいつた。約一時間半も經つてから再び浮かび上がつて潮を吹く。シロマレが第三のハナレを打ち込んだ。長萬部の濱から東北方へ約一里半、靜狩の沖迄、素晴らしい勢で移動した。途中十數本のハナレを打ち込んだので、三艘の舟が、十數本の手繰紐で矢の様に引かれて行つた」

同様にくじらに対する供養についても描かれている。

「濱には人が黒山だ。虻田の人々の喜びやうは大したものだつた。土人からお酒が一樽、街の有志からも一樽、鯨の横の砂濱に莫蓙を敷き、幣柵を造つて、老人達は　沖の神様、鯨をお授け下さつて有難う。肉と油を頂いて、その代わり、此のやうに幣とお酒を土産に供えて、鯨の魂を送つて差し上げますから、又どうぞ授けて下さるように　と祈祷をして大へんに喜んだ。」

北海道最古の歴史を持つ知内温泉の一軒宿「和楽園」。

これらの記述は昭和初期から大正にかけてのアイヌ民族のようすだと思われる。

そのアイヌ民族の捕鯨のようすを描いた絵が、北島三郎さんの故郷、知内町にあると聞き訪ねてみた。山に囲まれた知内温泉は秘湯の雰囲気漂う温泉。アイヌ語に由来する「萩砂里」という温泉にあったというアイヌ捕鯨の絵は、残念ながら平成九（一九九七）年に客室からの出火した火事で建物が半焼し、その時に焼失してしまったということだった。

蝦夷と伊能忠敬

日本全国を自分の足で歩いて正確な地図を著した、江戸時代の測量家として知られる伊能忠敬が蝦夷地に上陸したのは、寛政一二（一八〇〇）年のこと。江戸をたって津軽の三厩に到着したが、津軽海峡は波が荒く九日間待って荒波の中を蝦夷に渡った。三厩から箱館（函館）を目指したと思われるが、風に流されたどり着いたのは吉岡港であり、ここには今でいう入国審査を行う番所が置かれていた。また、ペリーが浦賀沖に現れた頃には、津軽海峡にたびたび外国の捕鯨船が出没するようになっていた。幕府は沿岸警備のために、船舶の出入りの多い吉岡港と、福島神明社台地の二カ所に砲台を築いた。さらに、くじらの油が使われた北海道初の灯台が置かれたのも吉岡港であり、本州と北海道とをつなぐ青函トンネルの最初の北海道側の駅「吉岡海底駅」があった地でもある。

白神神社。

サメを祀った神様

本州の竜飛岬までわずか二〇㎞ほどの北海道最南端の地、松前町の白神岬には、海の荒神を祀った祖鮫(そこう)神社がある。博学者の菅江真澄という人物が白神峠を歩いて越えた時の記録によると、昔、白神岬の磯に海の荒神を祀った祖鮫明神があって、ここで船が転覆しそうになった時に船長が祈ったところ、大きな鰐が現れて海が静まったことから建てられたものだという。

記録では「鰐」となっているが。かつては鮫を鰐としていたもので「ワニザメ」と称した。鮫が沖合を通るとニシンやイワシが恐れて岸の方へと近づいてくるため、漁師が網を張って捕ることができたが、鮫がこなければ魚は沖の方を通って魚が寄らないと考えられていた。つまり鮫は村に大漁をもたらす神様だと考えられ、豊漁祈願の神として篤い信仰を受けていたのだ。この祖鮫神社は今も「白神神社」として福島町松浦に残っているのだが、鮫を祀った神社は珍しく、北海道には石狩市にもう一社あるだけらしい。

くじら汁のふるさと

松前や浜中町など道南地方では正月の食卓にはくじら汁がつきもの。厚さ二㎜ほどの塩漬けのくじらの脂身とゴボウ、ニンジン、タケノコ、山菜などを煮込んだものだが、このくじら汁の習慣には「子どもがくじらのような大物になるようにという願いが込められている」といわれている。

蝦夷地を松前藩が統治していた時代には、道南の漁村ではくじらがくると、ニシンが岸に寄って豊漁になるため、くじらは漁業の神様として崇められ、くじら汁は縁起の良いものとして食べつがれてきた。

くじら汁について聞く筆者。

松前町で実際に現地の老人にも聞いてみたところ、昆布の出汁にしょうゆ味。大根や豆腐を入れることもあるといい、今でも大晦日にはくじら汁を食べるという。地域によっては葬式の時に食べる素麺の出汁にもくじらを使うこともあるらしい。現在では道南地域だけでなく、小樽や釧路、網走など道内各地で食べられているほか、九州や山陰、東北など幅広い地域で食べられている。単なる縁起物ではなく、冬の保存食として最適であり、不飽和脂肪酸を多く含んだくじらの脂身は健康にもよく、食べると体が温まり、寒さから体を守るためであったとも考えられている。体も心も温まる家庭の味として、これからも道南地域のお正月を代表する食文化であり続けることだろう。

しかし、松前や函館はくじらがあまり捕獲されないのに、何故くじら汁が盛んに庶民の料理として発達し定着したのだろうか。

その鍵は、北前船であろうと私は推測する。西海の海で捕れた塩くじらを北前船で運び、北の各地で販売したと思われる。そうでなければコンスタントな供給はなかったろう。

陸奥（青森）

近代捕鯨史に残る漁民一揆

鮫町に残る鯨石

明治四四（一九一一）年といえば、ノルウェー式捕鯨が定着し、新しい捕鯨会社が参入し始めた時期である。漁民一揆騒動の場所となったのは、かつての三戸郡鮫村の恵比須浜（現・八戸市鮫町）。漁民一揆の相手であった東洋捕鯨株式会社も、合併を繰り返してこの時期に誕生した捕鯨会社だ。この恵比須浜から少し離れた海上に、天然記念物のウミネコで有名な蕪島がある。今ではこの蕪島は陸地と地続きにされてしまい霊験あらたかさが感じられない。はっきりと言えば、醜い景観である。元に戻してほしいものだ。そして八戸も水揚げ量が大幅に激減して、かつての水産都市の面影も薄く合併したのに人口も減少している。街は存亡の危機にあるとい言っても過言ではない。この蕪島辺りに八戸太郎というくじらの主が住むと魚民に信じられていた。イワシが不漁になると八戸太郎が沖を回遊し、イワシの大群を鮫浦へ追い込んでは、漁民たちに大漁をもたらしたという話である。そして八戸太郎は、毎年春に伊勢参りへと出かけていたのだが、ある年に伊勢の漁師に銛を打ち込まれ、半死半生になって蕪島にたどり着いて息絶え石になったという。人々は石を「鯨石」と名付け守り神として大切にすることにした。恵比須漁港に隣接する西ノ宮神社に祀られている鯨の形をした石が、その時の石だと伝えられている。

明治の末年、みちのくの浜に起きた大事件

漁民の一揆と捕鯨は関係がないように見えるが、騒動が起きた年はイワシがこれまでにないほどの不漁になった時である。くじらを獲ることでイワシが不漁になると信じていた漁民たちにとって、捕鯨は、死活問題だったのである。また、解体したくじらの血や内臓を海に流したために海藻類の生育を阻害し、ホッキ貝も採れなくなってしまった。一方、ノルウェー式捕鯨を手にした捕鯨会社ではくじらの豊漁が続き、許可された操業期間を守らなかったことも漁民の怒りを一気に爆発させた。

暴動は明治四四（一九一一）年一一月一日、恵比須浜にあった東洋捕鯨の焼き打ちで始まった。湊漁業組合員四百五〇名を中心に総勢約五百五〇名の漁師たちは襲撃前に酒を飲んで気勢をあげ、その勢いで会社を襲い石油をまいて火をつけ、たちまち作業場は猛火に包まれ、恵比須浜一帯は修羅場と化したという。漁師たちは一様に白タビに赤ゲット（ブランケット）を着ていたことからも、用意周到な計画で実行されたことであることがわかる。さらに東洋捕鯨関係者の住居を襲って壊していったが、軍隊が鎮圧応援に来たと聞くと威勢のいい漁師たちも気後れし、暴動は午前中で終わった。後でわかったことは、軍隊は鎮圧ではなく、演習のためにたまたま来たのだったという。事件の後の裁判では、一般の人からの同情が漁師たちに集まり、八戸地方ではかつてなかった千人を超える嘆願書が提出された。事件を主導した漁民の代表たちは、懲役六年から八年の判決となったが、明治天皇の崩御による大赦によって間もなく出所。大事件は隠れた地方の史実として記録の中に残ることとなった。

八戸漁村はそれほどに元気であったが、現在は見る影もない。適切な漁業資源の方策や導入が急がれる。今までと同じやり方では、八戸はさらに衰退する。

陸中（岩手）

乱立する捕鯨会社

鯨を追って三陸へ、日東捕鯨の歴史

リアス式海岸で知られる三陸海岸の沖合は、親潮と黒潮がぶつかる豊かな海域であり、世界有数の漁場と言われるほどの漁獲量を誇る海だ。しかし江戸時代には捕鯨では西海捕鯨ほどの歴史はない。文化文政年間（一八〇四～一八三〇）に仙台藩の儒学者・大槻清準によって捕鯨の様子を紹介した「鯨史稿」がまとめられ、また江戸時代末期に、鯨漁取開方を設けて伊達藩が牡鹿半島沖で捕鯨に挑戦したものの定着することはなかった。しかし近代捕鯨においては、明治三九（一九〇六）年に東洋漁業株式会社が宮城県石巻市鮎川に事業所を開設。金華湾沖で捕鯨を始めたことを皮切りに、国際捕鯨員会によって商業捕鯨が禁止になるまでの間に、数々の捕鯨会社が三陸沿岸に事業所を開設して一大捕鯨基地となった。

三陸海岸のちょうど真ん中あたり、岩手県下閉伊郡山田町は、船越半島に守られた穏やかな山田湾に面した小さな海辺の町。沖には一七世紀にオランダ人が錨を下ろしたことからオランダ島と呼ばれる小さな島があり、その手前には牡蠣やホタテの養殖筏が無数に浮かぶ。古来よりイルカの追い込み漁が盛んに行われ、大正時代まで約二百年の間続けられた。大正二（一九一三）年には大浦浜で二千頭をこえる大量のイルカが

捕獲されたと伝えられている。

オットセイ猟やトド猟も行われていたが、山田町で捕鯨が始まったのは、昭和二四（一九四九）年に日東捕鯨株式会社が大沢事業所を開設してからだ。マッコウクジラ、イワシクジラ、シロナガスクジラ、ザトウクジラなどの捕獲を行ったが、事業の後半はマッコウクジラが捕獲の中心となった。全盛期の昭和五二（一九七七）年には八九三頭ものマッコウクジラの水揚げがあり、捕鯨は山田町の経済を支えた重要な産業の一つであった。

故・柳原紀文氏。商業捕鯨モラトリアム後、経営感覚にも長けた紀文氏は、冷凍食品メーカーとして事業を成長させた。

日東捕鯨の前身となるのが「自分の体内には先祖より鯨の血が流れている」という言葉を残した柳原勝紀氏によって創業した柳原水産である。大東漁業、林兼商店と捕鯨一筋に打ち込んできた勝紀氏は、昭和一二年（一九三七）年に林兼商店を退社し、自らの道を歩みはじめる。その同じ年に、後の日東捕鯨株式会社の社長となる長男紀文氏が生まれている。林兼商店捕鯨部を退職した柳原氏は、かつて林兼商店の社員として鮎川や釜石に赴任していた経験があったことから、釜石にあった林兼商店捕鯨事業場を借り、退職金をすべてつぎ込んでノルウェー式捕鯨銃を装備した木造捕鯨船を造船。釜石を拠点に小型捕鯨業を開業した。その後、父親譲りの情熱とバイタリティーを持つ長男紀文氏によって、日本の近代捕鯨に柳原一族あり、と呼ばれるまでとなる。

柳原水産の経営は順調に安定したものとなっていったが、その最中に太平洋戦争が勃発。捕鯨船や乗組員は徴用され、危機的な状況となったが、事業は継続していた。戦火が激しくなり三陸の海も危険な海域となっていた。昭和二〇（一九四五）年、山田湾沖を航行していた新生丸が潜水艦の魚雷を受けて沈没し、七名の乗組員が犠牲となった。戦時中とはいえ、目の前の海で起こった事態に関係者の悲しみは大きく、釜石の石応禅寺で慰霊祭が行われた。その後の昭和三十六（一九六一）年に、山田町の南陽禅寺に「戦没慰霊碑」が建てられ、日東捕鯨主催により戦没慰霊碑除幕式が行われ、関係者と遺族が参列した。

今も南陽禅寺に残る慰霊碑は、花崗岩でできた高さ二・五ｍほどの石碑で、次のような追悼文が刻まれている。

捕鯨船新生丸は第二次世界戦争のさなか、食料増進と捕鯨資源確保の為、あらゆる危険を冒して出漁した。たまたま昭和二十年六月二十三日未明、とどが崎南東東十五浬付近に於いて操業中米国潜水艦の爆撃を受け、応戦もむなしく撃沈された。

軍属船員としての乗組員七名は、わが身を顧みずその任に励み、遂に船と運命を共にして戦死した。

今謹んで当時を偲び、霊を慰める為この碑を建て、その冥福を祈るものである。

昭和三十六年九月

柳原勝紀　撰

戦後の払い下げで釜石から山田町へ

千葉県船橋市に本社を置いた時代のデルマール株式会社。

昭和二〇（一九四五）年八月に終戦を迎えたが被害は大きく、満足に使用できる船はどの捕鯨会社でも数えるほどしかなかった。小型捕鯨から大型捕鯨に進出することを考えていた勝紀氏だが、そのためにはまず大型捕鯨船を手に入れなければならなかった。そこで目をつけたのが、山田湾に座礁したままになっていた海軍の船であった。

引き上げて修理すれば捕鯨船として使えると判断した勝紀氏は、陳情を重ねて許可を得て引き上げを行うことに着手する。この引き上げと並行し、かつて海軍の水上飛行機が離発着していた山田湾の大沢地区にあった海軍航空隊基地の払い下げ許可の申請も行っていた。当時、釜石にあった事業場の場所を返還しなければならないこともあり、使用が認められると柳原水産は釜石から山田町へと事業場を移転した。

その後、柳原水産は、柳原水産株式会社、勝紀氏の長男紀文氏が三代目社長となる日東捕鯨株式会社と社名を変え、商業捕鯨が禁止となるまでの間、山田町の事業場を日東捕鯨大沢事業場として活動することとなった。

大沢事業場があった場所には、現在は食品スーパーが建ち、浜から見る波穏やかな海にはカキやホタテの養殖筏が浮かんでいる。日東捕鯨株式会社も捕鯨が幕を閉じるとともに日東デルマール株式会社、デルマール株式会社と社名を変え、加工食品会社として、そして外資系ハンバーガーチェーンのフランチャイズ店の所有会社として新しい時代を歩んでいる。

大洋漁業と極洋捕鯨があった場所に、その面影はない。（上）
かつて日本水産があった場所を確かめる筆者。（下）

三大捕鯨会社の跡地

かつて日東捕鯨が事業場を開設していた釜石湾には、中部幾次郎が創業者の林兼商店を前身とする大洋漁業をはじめ、極洋捕鯨、日本水産といった大手捕鯨会社が隣接して事業場を開設していた。事業所とは捕鯨船が捕獲したくじらの引き渡し場所であり、引揚場、解剖場、冷凍庫、冷蔵庫、塩蔵庫などが設置されていた。鯨の解体・処理作業の関係から、事業場は、漁場に近く波穏やかな良港が選ばれていたが、いずれの事業所も昭和四〇（一九六五）年をまたずに閉鎖。日本水産があった場所は駐車場に、大洋漁業と極洋捕鯨のあった場所は民家となっていた。

町のシンボルだった「鯨と海の科学館」。

捕鯨の町に生まれた「くじらかん」

捕鯨基地としても有名だった山田町には、平成四（一九九二）年に町の歴史をしるすミュージアム「鯨と海の科学館」が完成する。この科学館を町の人々は親しみを込め「くじらかん」と呼び、町のシンボルとなった。「くじらかん」の目玉は吹き抜けのメインホールの天井から吊るされた、巨大なマッコウクジラの骨格標本だ。この標本となったのは、商業捕鯨が一時停止となったその年に日東捕鯨が捕獲したくじらで、「驚くほど大きなマッコウクジラの骨格標本を作って博物館のようなものが作れないか」と町に寄贈されたのだった。骨格標本とともに実物大の復元模型も製作されて展示されることとなった。

三陸の海について学ぶことができる体験型学習施設の「くじらかん」は、最新技術を駆使した3Dシアターを常設し、周囲には公園も整備され、町の人の大切なシンボルとなっていた。この「くじらかん」は、二〇一一年三月一一日の東日本大震災による大津波で休館状態が続いていた。

しかしのべ八〇〇人のボランティアによる協力もあり、六年四ヵ月ぶりの平成二九（二〇一七）年七月一五日に再オープンし、震災前と同規模の展示内容を復活させ、訪れる人を楽しませている。

陸前（岩手・宮城）

クジラ塚が残る岩手県の伊達領

シロナガスクジラ争奪戦

三陸沿岸における捕鯨の歴史は近代捕鯨が中心となる。そのため石碑や墓に関するものは多くはないが、岩手、宮城周辺で見つけることができる。

陸前高田市広田町の道路沿いの草むらの中にあるのが高さ八〇㎝ほどの自然石に「弔大鯨之霊」と刻まれた墓だ。海岸沿いにあるこの墓は、明治三八（一九〇五）年の旧正月二四日に、大陽（おおよう）と泊（とまり）の漁船が同時にくじらを発見して自分の浜に引き揚げようと争った時のものだ。最初は泊側が優勢だったが、大陽側も加勢を得て両者が均衡状態になり、ちょうど大陽の刺し網船が漁を終えて通りかかって加勢したので、ついに大陽が勝利したというものである。

この時のくじらは、長さが約二七ｍもあったシロナガスクジラで、シャチにおそわれて瀕死の状態で湾内に逃げてきたもの。売上代金一一七二円は広田尋常小学校の振興資金に充てられ、残りは両方の部落へ三一四円の配分があったと当時の広田漁業史には記されている。このクジラの背骨も、筆者の親類に案内されてみたことがある。

三陸の鯨塚

三陸沿岸には数少ない慰霊碑や鯨塚だが、資料などに残る幾つかを紹介しようと思う。宮城県の北東の端に位置する唐桑半島の突端にある「御崎神社（日高見神社）」には三基の鯨塚が残る。御崎神社の向かいの遊歩道をしばらく進んだ林の中に、海に向かって建つ三基の鯨塚は、この地域では昔、九州から御神体を運ぶ際に、その船を白いくじらが守ったという伝説や、嵐で遭難した船をくじらが助けたという伝説があり、そのくじらの霊を祀ったものといわれる。かつては毎年一月七日に御神酒を供えて供養をしていたそうだ。

この鯨塚から少し離れた場所にも神代文字の一種である阿波文字が刻まれた石があり、これも鯨塚だという説もあり、これを含めれば唐桑半島には四基の鯨塚があるということになる。

沿岸小型捕鯨の地

くじら文化の町・鮎川

鮎川はくじらと共に生きた町であり、町の中にはくじらを観光資源として活用しようとしたものが多い。海岸沿いの道を通って町に入るゲートでは、くじらのマスコットが取り付けられて観光客を歓迎し、また鮎川町の中心地から「おしかホエールランド」へと到る全長約三五〇ｍの道は「ホエールロード」と呼ばれ、くじらの潮吹きをイメージした噴水がある池や、さまざまな種類のくじらの絵と説明が描かれたタイルがはめ込まれた歩道など、くじらを観光の目玉に、という意欲が感じられるものだ。

さらにホエールロードの道の左右には、くじらの料理を提供する食堂や、くじらの歯の加工品を販売する店舗、観光客向けにくじらに関するお土産店などが軒を連ねていたが、みな東日本大震災で流失した。

おしかホエールランド

滞在型観光地へ、ホエールランドプロジェクト

くじらの町、鮎川のランドマークであり、町のシンボルとして鮎川の捕鯨の歴史を伝えるために建設されたのが「おしかホエールランド」である。かつてあった町立鯨博物館では観光施設としての魅力に欠けるという意見を受け、映像展示や体験展示などを盛り込み、観光客の集客を強く意識した施設として平成二（一九九〇）年に開館した。

大洋漁業の工場があった跡地に建設され、建物の前庭にはかつて南氷洋捕鯨で実際に活躍していた「第十六利丸」が展示され、船内や甲板の一部を見学できるようになっている。

施設の構成はエントランスホールと三つの展示室、標本室、

３Ｄシアター、売店を併設したギャラリーと屋外展示からなる。吹き抜けのエントランスホールでは、天井を見上げると実物大のザトウクジラの親子の模型があり、海を泳ぐくじらの大きさを実感できるようになっている。展示室ではくじらの進化や生態を映像や骨格標本によって紹介し、さらに遊びながら自然にくじらについて学ぶことができるようになっている。３Ｄシアターでは、くじらの実写としては世界初といわれるダイナミックな映像が楽しめるようになっている。

屋外展示されている第十六利丸の横には、南氷洋捕鯨の創始者といわれる志野徳助氏の銅像が立つ。右に出る者がいない、といわれた名砲手であり船団の船長でもあった志野徳助氏だが、南氷洋捕鯨に向かう途中の寄港地フリーマントルで急逝。

南氷洋捕鯨の創始者とされる
志野徳助氏像。（上）
第十六利丸。（下）

銅像は、捕鯨界における数々の功績を讃えて立てられたものだ。残念ながら、これらの展示も東日本大震災で流失してしまった。

豊富な鯨資源を誇った海

商業捕鯨が一時停止されて以後、日本の主な捕鯨基地といえば太地(和歌山)、和田(千葉)、網走・釧路(北海道)、そして鮎川(宮城)であろう。この中で鮎川は、沿岸捕鯨基地としてかつて最大規模を誇っていた。牡鹿半島の周辺はくじらだけでなく、世界三大漁場の一つといわれるほどの好漁場。半島の先端部には古くから信仰の島として知られる金華山があり、観光の名所でもある。さらに遠洋漁業の乗組員も多く輩出し、名実ともに日本を代表する捕鯨の町であると言える。このように三陸沿岸のくじら資源については古くから注目され、特に金華山沖の資源については藩政時代に仙台藩の儒学者・大槻清準が「鯨史稿」を著わして捕鯨の効用を説いた。仙台藩鯨漁取開方主位を命じられた、桃生郡大須浜の大肝入各阿部源左衛門らによって、少なくとも七頭にはモリを打ち込み、大須浜と江ノ島で四頭のくじらを捕獲している。しかし古式捕鯨の時代に目立ったものといえばこれくらいである。

外来資本による捕鯨業の流入

明治になってからも捕鯨を試みたものはいたようだが、見るべきものはない。鮎川が捕鯨基地となったのは東洋漁業株式会社が事業場を設けた時に始まる。

明治三九(一九〇六)年に東洋漁業が鮎川に進出すると、それに続いて土佐捕鯨、紀伊水産、長門水産なども進出し、小規模な沿岸漁業を行っていた漁民の多くも捕鯨資本に取り込まれていった。

いち早く事業場の開設に着手した東洋漁業株式会社の前身は、日本における近代捕鯨の創設者といわれる岡十郎氏が、山口県に設立した日本遠洋漁業株式会社である。日露戦争後に捕鯨業界の合併再編が行われた時に東洋捕鯨となったのだが、山口県における事業の成功によって捕鯨事業を拡大していたもので、鮎川事業場の開設と同時期に、四国沖、房総沖、金華山沖への展開を始めたものだった。

土佐捕鯨、藤村捕鯨の事業所があった十八成浜。

以降次々と捕鯨会社が牡鹿半島に進出し、鮎川には東洋漁業のほかに土佐捕鯨、紀伊水産、長門捕鯨が事業場を構え、小渕、荻浜にも藤村捕鯨、遠洋捕鯨合資会社、帝国水産などが進出し、明治四四（一九一一）年頃になると日本国内にあった捕鯨会社一一社のうち九社までが牡鹿半島内に事業場を開設するようになっていた。

沿岸小型捕鯨の誕生

鮎川浜で展開された外部資本による捕鯨業に刺激され、鮎川浜の住民にも捕鯨会社を設立するものがあらわれた。大正一四（一九二五）年に設立された鮎川捕鯨会社や、奥田・日進水産といった小型捕鯨会社があったが、一般には唯一の地場資本とされるのは、戸羽養次郎氏によって設立された戸羽捕鯨である。小型捕鯨協会会長を務めた戸羽氏は長らく極洋捕鯨の名砲手として活躍され、その時の資金を元手に沿岸小型捕鯨に着手した。戸羽氏と私は陸前高田市生まれの同郷であり、その交際が長かった。彼の商業捕鯨の再開に掛ける情熱は大変に強いものがあったが、それを見ずして亡くなった。

戦前まで沿岸小型捕鯨の大東捕鯨事業所があったまきの浜。

昭和期に入ると世界恐慌の影響や捕鯨の不漁などの悪条件が重なり、鮎川の産業の中核となっていた大型捕鯨業が衰退し始め多くの失業者を出した。この時期にはさらに日本水産が基地を鮎川から女川へと移転し、沿岸捕鯨から遠洋捕鯨へと転換していく。さらにその後、昭和四〇（一九六五）年には大手捕鯨会社である極洋捕鯨が塩釜へ移転し、昭和五二（一九七七）年には

日本水産の大型捕鯨基地があった女川港。

大洋漁業もより交通の便が良い塩釜へと移転することとなる。

日本水産の女川移転により、翳りの見え始めた鮎川浜の捕鯨業であったが、しかし第二次大戦後には戦争による食糧難が深刻となり、捕鯨業は食料供給という重要な役割を与えられて再び盛んになった。この時期に南氷洋捕鯨も始まり、鮎川浜で捕鯨を経験した人々が乗組員として参加。鮎川の町は遠洋捕鯨とも深く関わるようになっていった。

日本水産は現在食品加工会社となり、かつて捕鯨基地であった場所はハム・ソーセージの加工工場となった。今は女川といえば捕鯨よりも原発の町として知られるようになってしまったが、その日本水産も東日本大震災後に撤退してしまった。

鮎川浜の小型捕鯨船が捕獲するのは、大型捕鯨船には許可されていなかったミンククジラだったことから「ミンク船」と呼ばれていた。第二次大戦の最中には大型捕鯨船が、次々に軍事用に徴用され、小型捕鯨船は地域への食料供給のために重要な役割を果たすことになった。食糧難に対応するために、日本政府はミンククジラのほかにマッコウクジラの捕獲枠を許可したが、その後さらに新しい許可制度が導入されると、小型捕鯨船はマッコウクジラを捕獲できなくなってしまった。さらに戦争が終わり大型捕鯨船が帰還したこともあり、小型捕鯨業はますます不利な状況となっていき、大型捕鯨船に対抗するために、これまでは捕獲対象ではなかったツチクジラの捕獲に乗り出し、経営の基盤を固めていくようになる。

三界方霊碑（左）哀悼碑（右）

往時の活気と痕跡を残す慰霊碑

鮎川にある唯一の寺院である観音寺は、当初は金華山にあった大金寺の、鮎川での事務所のようなもので、島に渡る人たちが航海の日和待ちをするようなところだったという。捕鯨業とともに盛衰を繰り返してきた町のようすを見守ってきたこの観音寺の境内には、捕鯨にまつわるいくつかの供養碑がある。

「哀悼碑」は、東洋捕鯨が大正一二（一九二三）年に、保有するアヴァロン丸の遭難により建立されたもの。「記念碑」もまた東洋捕鯨により、昭和三（一九二八）年の第三東洋丸の遭難により建立されたものである。

塩蔵肉などのくじら製品を取り扱っていた伊佐奈商店によって

建立されたものが「三界万霊塔」。「千頭鯨霊供養塔」は当時の鮎川捕鯨が、千頭目の捕獲に合わせて建てたものだ。

鮎川の捕鯨会社は数多くの大型船を保有していたため、ほとんどの船は軍に徴用され、乗組員たちの多くも徴兵されて戦地へと赴いた。そのため船と乗組員たちに及んだ犠牲は大きく、大洋漁業株式会社では潜水艦の砲撃で撃沈され亡くなった者を慰霊するために、戦後の昭和三六（一九六一）年に「海尓眠るの碑」を建立した。この慰霊碑の題字は当時の大洋漁業社長であり、林兼商店の創業者である中部幾二郎を父に持つ中部謙吉によるもので、碑の裏側部分には亡くなった人々の名が刻まれている。

二〇〇二年に下関で開催された「国際捕鯨委員会（ＩＷＣ）」の第五四回の総会以降、日本沿岸の宮城県仙台湾や釧路沖で沿岸域の調査捕鯨がミンククジラ五〇頭を捕獲対象として開始された。商業捕鯨モラトリアムが総会の３／４の多数でしか再開されない限り、厳格な調査目的での捕鯨を行い、その副産物である鯨肉を活用することが、唯一の現実的手段であった。ここで、得られた科学情報は、鯨類資源の管理と漁業を鯨の競合の解明に活用されることが目的であった。

千頭鯨霊供養塔（右）
「海尓眠るの碑」で、戦争の犠牲となった者たちに手を合わせる筆者。（左）

越後（新潟）

季節を感じる食文化

新潟の夏の風物詩

新潟の夏の定番料理、くじら汁。

越後の捕鯨に関する記述は見当たらないが、新潟で夏になると必ず食卓に登場していた夏の風物詩「くじら汁」。北海道では正月料理に欠かせないものだが、新潟ではどの家庭でも、日本の蒸し暑い夏を乗り切るスタミナ源として食べられてきたものだ。

具材は夕顔やジャガイモ、カボチャなど夏に収穫できる野菜を入れる。家庭によって違いはあるが欠かせないのは夏が旬の夏ミョウガと夏においしいナス、それに短冊状に切った塩蔵の塩くじら。味付けは味噌が多く、具沢山の味噌汁風だ。かつては給食にもくじらの竜田揚げが出てきてくじらは庶民の味だったが、いまやくじらはすっかり高級品になってしまった。

また、安くておいしいくじらを食べることができる日が来るのだろうか。このクジラ汁も、北前船が交易用に運んできた西海の海で捕獲して加工した塩クジラを素材として作られたとみられる。

海からの贈り物で学校を再建

新潟県中頸城郡（なかくびきぐん）柿崎町（現在の上越市）には、通称「鯨学校」と呼ばれている小学校がある。柿崎区上下浜地区の国道八号線沿いにある「上下浜小学校」だ。その名前の由来となるのは、明治四二（一九〇九）年に強風で校舎が崩壊してしまった上下浜小学校の再建費用の一部に、その翌年の明治四三（一九一〇）年、三ツ屋浜に打ち上げられた体長三〇ｍを超える、巨大なナガスクジラの肉を売って得たお金が使われたことによる。

巨大なくじらに村中が大騒ぎとなったが、村人たちが総出で浜に引き上げて解体し、行商をして売り歩いたという話が伝えられている。現在の校舎の玄関脇にはくじらの記念碑があり、校舎のまわりにもくじらの絵が描かれている。

島の寄り神信仰

日本での捕鯨は、追い込み式に始まり、突取式、網取式、銛を打ち込む砲殺式へと変わっていったが、「寄りくじら」「流れくじら」と呼ばれる座礁くじらを捕まえることもあった。能登や佐渡において座礁くじらの類は、「えびす」と呼ばれて寄り神信仰の起源ともいわれている。

佐渡市片野尾（かたのお）にあるくじらの供養塔は、万延元（一八六〇）年に流れ着いたメスのナガスクジラを弔うために、顎の骨を使って塚にしたものだ。これにまつわる伝説はよくある話で、寄りくじらの前の夜、村人の夢枕に女の人が出てきて、またお会いすることになるでしょう。その際にはねんごろにかばってくださいとお願いされたというものだ。

椎泊（しいどまり）地区の雁誓寺にある墓は、明治二一（一八八八）年に漂着した大くじらのもの。隣接する村同士により、どちらが先に発見したかで所有権争いが起こり、裁判沙汰になったという記録が残る。能登から流れてきたからという説と、子くじらがシャチに襲われ母くじらがよく泣いたという二つの説があり「釈震声態度鯨魚」という戒名が与えられている。

もう一カ所、羽二生（はにう）地区の県道沿いにあるのが、私財を投げ打ち道路を整備した人物の顕彰碑と並んで立つ、高さ一mほどの魚霊塔。明治一四～一五年（一八八一～一八八二）に漂着した大くじらのものと思われるが、「魚霊塔」の文字だけが刻まれている。現在の碑は昭和二三（一九四八）年に再建されたものだが、海上安全と豊漁を祈願し訪れる人は多いという。

金沢

金沢市内の顕彰碑

斉藤知一（ともかず）は石川県生まれの武士で、明治二〇（一八八七）年頃に北海道の羽幌で、網取式捕鯨を始めた人物。明治の廃藩置県後に失業士族となり、士族授産運動などに参加していたものの失敗。旧藩主より資金提供を受け、その資金をすべてつぎ込んで北海道に渡り捕鯨に取り組んだ。ニシン漁師の反対などのトラブルがあったが、「くじら一頭の腹にニシンが四石もある」とくじらの害を説き、なんとか許可を得て操業にこぎつけた。数年の間、主にコククジラを捕獲したが経営が成り立たずに大日本水産会社に権利を譲り、自身は捕鯨部の責任者として雇われている。

その後斉藤は大日本水産の専務にまでなったが、大正期には炭鉱事業に着手し成功。しかし脳溢血で倒れ、鉱山の廃坑とともに多額の借金を抱えて大正一二（一九二三）年に病死する。その二年後に、金沢市内にある「慈船寺」の境内に、「斉藤知一君碑」が建立された。この碑が建てられた経緯はわかっていないが、斉藤知一は、

斉藤知一の墓（右）と斉藤知一君碑（左）。

北海道に渡って捕鯨を行った収益で、先祖と関係者の供養のために故郷の金沢に禅寺を建立。この寺は捕鯨侍の寺として知られている。かつては碑の後ろ側に墓もあったのだが、親族が遺骨を持って行ってしまったために、今はその名残があるだけとなっている。

涼しげな夏のお菓子「鯨餅」。

加賀藩御用御菓子司が作るくじら餅

形や見た目をくじら肉に似せた「くじら餅」は、山形や青森など日本海沿岸の地域をはじめ、広島や大阪など西日本においても出会うことができる郷土菓子。しかし、加賀藩御用御菓子司「長生殿本舗 森八」が作る「鯨餅」は見た目の繊細さや、もっちりとした食感においても素晴らしいものである。加賀百万石と呼ばれ全国屈指の大藩であった加賀藩は、前田家のもと独自の町民文化を作り上げたが、森八もまたその歴史と伝統に恥じることなく、菓子作り一筋に歩み続けてきた。

くじらの皮を表現する黒い層は、利尻昆布を焼きその灰で黒くしているが、黒すぎると生臭いイメージになるため、色を黒くしすぎないことが大事だそう。白い部分は寒天と道明寺を使い、脂身の雰囲気を

森八本店。（右）森八の女将、中宮紀伊子さんと。（左）

よく表現している。東京などにも店舗を持つ森八だが、鯨餅は夏の間だけ、金沢市内の店舗だけで販売する夏のお菓子。夏の風物詩としての、涼しげな見た目も考えられているのだろう。

森八本店は金沢市大手町にあり、伝統的な商家の雰囲気を感じさせる佇まいだ。一階には数々のお菓子が並び、二階は森八茶寮としてお茶とお菓子が楽しめるほか、伝統菓子の手作り教室が定期的に開催されている。さらに江戸時代から代々受け継がれてきた菓子の木型を展示する「金沢菓子木型美術館」を併設。金沢文化の保存と発信にも一役かっている。一時、経営の基盤の危機を迎えたが女将さんらの努力で乗り切り、最近は、東京のお菓子専門学校を卒業されたお嬢さんが、女性の職人として、新風を巻き込む役割を果たしている。硬いのが当たり前の落雁だが、今までの発想にはない生の落雁が季節限定で販売される。

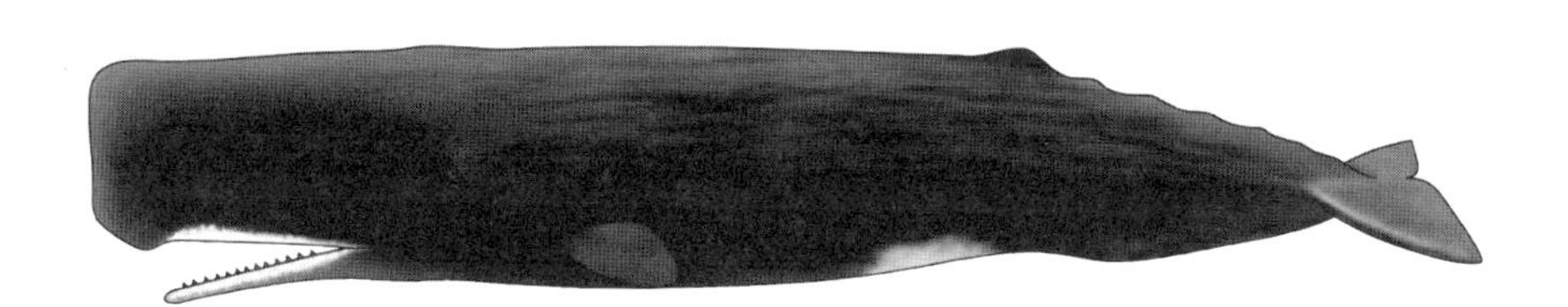

マッコウクジラ

能登・加賀・越中（石川・富山）

定置網漁業発祥の地

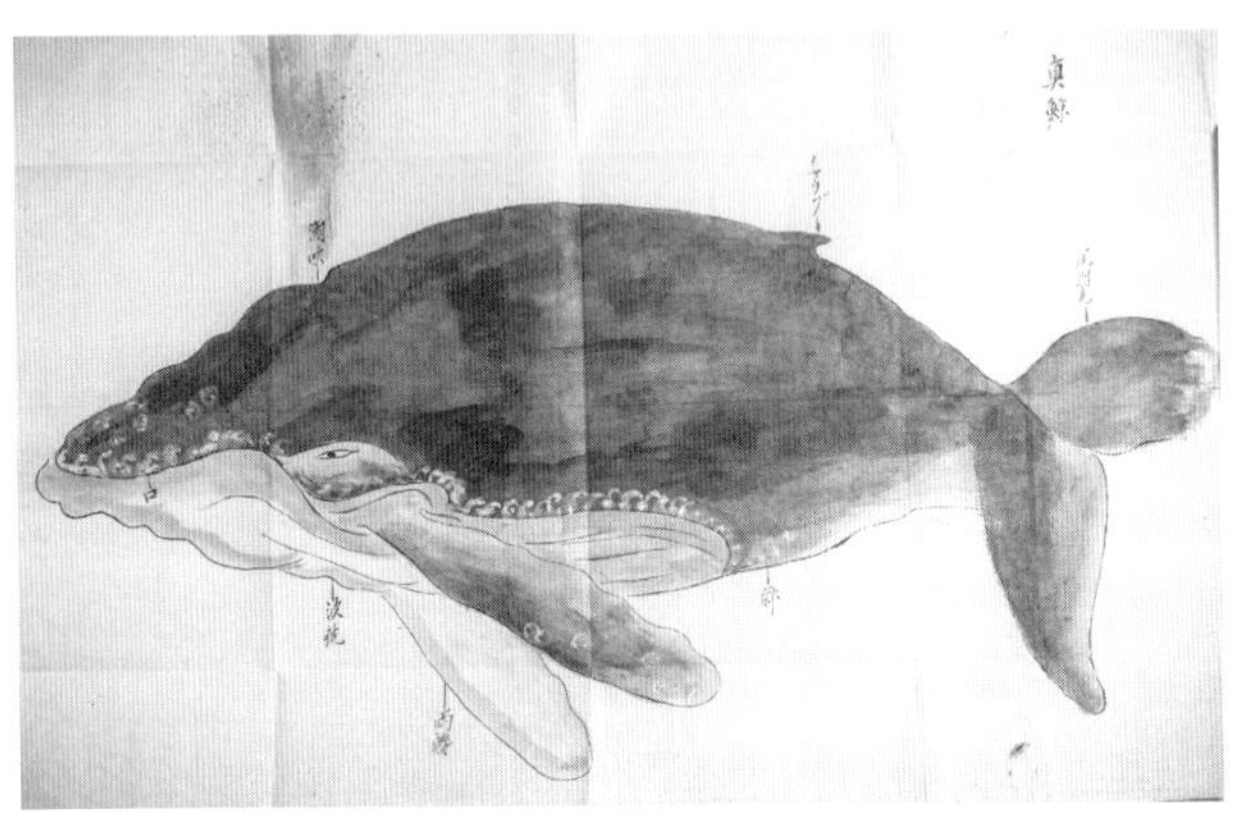

「能州宇出津鯨猟図絵」にザトウクジラだと思われて描かれている真鯨。（金沢市立玉川図書館蔵）

太平洋側の土佐捕鯨や太地で行われた古式捕鯨では、銛を打ち込み網をかけて捕獲していたが、日本海側の能登半島や富山県で行われていた捕鯨は、主に定置網に迷い込んだくじらを捕獲していた。富山湾は江戸時代において日本有数の定置魚場であり、さまざまな魚を捕ったが、中でも重要なのがブリとくじらであった。特に能登半島の北部、内浦地区である宇出津（うしつ）地域で捕獲したくじらは、宇出津くじらと呼ばれて加賀藩に献上されたほどだ。

この富山湾での捕鯨のようすを克明に伝えてくれるのが、「能登国採魚図絵」や「能州宇出津鯨猟図絵」「民家検労図」などの捕鯨絵巻だ。

金沢市内の本多の森公園にあり、赤レンガの建物が重厚な雰囲気を醸し出すのは、赤レンガミュージアム「石川県立歴史博物館」。建物はかつて陸軍兵器庫として、戦後は金沢美術工芸大学に使用されていたもの。当時の外観を忠実に復元し、博物館として利用している。

赤レンガの「石川県立歴史博物館」。

ここには、天保九（一八三八）年に北村穀実作によって著された「能登国採魚図絵」がある。能登近海の網漁や釣漁に加え、真脇地区のイルカ漁や台網による捕鯨のようすがカラーで描かれ、当時の日本海沿岸の捕鯨を知ることができる貴重な資料となっている。その絵によると捕獲したくじらの胴体の下に何重にも縄を通し、胴体の上に置いた丸太に結び、その丸太を両側から挟んだ胴船（どうぶね）と呼んだ舟に結びつけ、くじらが大きく暴れないようにして浜まで運んでいたようだ。さらにくじらの尾ひれをおさえるために、くじらの後ろ側にもう一隻、海水を入れた胴船をつけてそこに尾ひれを乗せて櫂などで押さえ込んでいる。

明治三四（一九〇一）年に制定された漁業法により定置網という言葉が使われるまで、富山湾沿岸では台網と呼ばれ、富山湾が発祥とされている。「能登国採魚図絵」ではこの大型定置網の網の仕組みについても細かく描かれ、魚を誘導し、網の外に出られなくなってしまうまでがよくわかる。

金沢の歴史を辿る資料を数多く所蔵する「金沢市立玉川図書館」にあるのは文化九（一八一二六）年作の「能州宇出津鯨猟図絵」である。能登半島の北部、内浦地区に位置する宇出津（現在の能登町）でのくじら漁のようすを描いたもので、台網でくじらを捕まえるようすが同じように描かれている。

「民家検労図」を所蔵するのは、前田家の史料を数多く公開している「石川県立図書館」である。「民家検労図」は、江戸時代の農業技術などを詳細に記述した、北陸を代表する農業書「耕家春秋」の一部であり、当時の農林漁業を中心に庶民の生活がカラーで描かれた彩色本である。「天」「地」「人」と三冊に分冊され、「人」の中の一部に捕鯨のようすが描かれている。

現在でもクジラが混入する富山湾の定置網漁業は、漁業法で優先順位が第一位の漁業協同組合の自営事業として行われる漁業ではなく、部落で定置網組を形成して行われる。この形態では、いつでも漁協の自営に取って代わられるが、よく保ってきたものだと感心する。日本有数の定置網漁業地帯であるにも関わらずその記録はほとんど存在していない。その実態を承知したく昨年定置網を経営所有している人の話を聞きに行ったが、ご高齢と方言が強く、聞き取りにくかったのが残念であった。至急聞き取り調査が必要である。

能登のくじら物語

能登は縄文の昔からくじらとの関わりが深く、町の各所にくじらの伝説や地名が残っている。台網による捕鯨の際に使われた胴船を、国指定重要文化財として保存しているのが宇出津にある「能登町民俗資料館」である。海に近い高台にある資料館は、かつての網元の住居を資料館として移築したもので、見学者もなくひっそりとしている。胴船は屋根で覆われてはいるものの、屋外の風雨にさらされた状態であり痛みは激しい。すぐ横の建物の中では、数百点に及ぶ保管資料の中に、加賀藩一三代藩主・前田斉泰公がくじらを獲るようすを見学した際の絵馬も見つけることができた。

能登町民俗資料館に保存されている絵馬。

　宇出津から穴水方面に向かった能都町矢波の日吉神社で見つけた絵馬は、昔、庄次兵衛という男が、死後くじらになってお礼をしたという伝説にちなんだ絵馬だといわれているもの。その伝説とは、庄次兵衛という男は酒が好きで、いつも居酒屋でごろごろしていた。ある時馬小屋で寝込んで、とうとう起きられないようになってしまった。村の人が食べ物を運んで食べさせていたが、庄次兵衛が「俺が死んだら海に流してくれ。必ず恩返しをする」

日吉神社に寄進された捕鯨絵馬。

と言い残して死んでしまったので、海の見える丘に埋葬した。すると初七日の日に、台網に大くじらがかかったので切り開いてみるとヒレの下に「庄次兵衛」という文字が浮き出てきた、というものだ。絵馬はだいぶ退色して不鮮明にはなっているが、「能登国採魚図絵」などにも描かれた胴船でくじらを挟み、丸太を結びつけている時のもので、くじらによじ登り刃物をくじらに刺そうとしているところも見てとれる。

宇出津から海岸線を能登半島の先端に向けて進み、三つ目の集落が真脇である。真脇は古くから「イルカ廻し」と呼ぶイルカの追い込み漁が行われていた村である。「能登国採魚図絵」によれば、旧暦の三月から四月にかけて行われたイルカ漁は、イルカの群れを船で入江に追い込んで網で逃げられないようにすると、最後は漁師たちが海に入り、イルカを抱きかかえて浜にあげた。明治時代には数千頭を捕獲したともいわれているが、昭和に入りイルカが減少するとイルカ漁は廃絶した。

真脇の入江の背後には住宅街と水田が広がっているが、ここが縄文時代の大遺跡として注目された「真脇遺跡」だ。平成元（一九八九）年には国指定史跡にも指定され、出土品のうち数百点が国の重要文化財とし

公園として整備されている真脇遺跡。（左）
縄文人がイルカを追い込んだ真脇湾。（右）

て指定。現在も継続して整備、調査が続けられている。真脇遺跡は縄文時代の初頭から晩期までの、四千年の長さに渡って続いた国内では例を見ない長期定住遺跡である。さらに大量のイルカの骨が出土し、これほどまでに大量のイルカの骨が出土した例はなく、イルカが食糧としても重要なものとなっていたことがわかる。

真脇遺跡からイルカの骨が出土したことで、近世のイルカ漁の起源が五千年以上も前であったことは、能登半島エリアにおける捕鯨の伝統の奥深さをあらためて認識させるものである。

常陸（茨城）

幕末の異国人上陸

藤田東湖による尊王攘夷論

江戸時代において、三代将軍家光により寛永一六（一六三九）年にポルトガル船を入港禁止にしたことに始まるとされる鎖国政策だが、一八世紀に入るとくじら資源を求め、ロシア船が日本近海に出没するようになり、アメリカ船やイギリス船も通商を求めて徐々に日本に接近するようになっていた。

当時、欧米では鯨油をとるために捕鯨が盛んに行われ、大西洋から太平洋へと進出エリアを広げていた。その最も盛んな時期は幕末期であり、水や食料を求めて日本沿岸に接近する船はあとをたたなかった。

嘉永六（一八五三）年、ペリーの浦賀来航に先立つこと約三〇年前。文政七（一八二四）年三月、二隻の英国捕鯨船が大津浜沖（現在の北茨城市大津）に姿を見せ、鉄砲を持った一一人の船員が二隻のボートに分乗し上陸してきた。初めて目にする巨大な船と外国人の姿に浜の漁民たちは大騒ぎになり、水戸藩の家老中山備前守家の役人たちがこの船員たちを捕らえて民家に監禁した。しかし一部の船員が逃亡を企てたために洞穴に押し込めたが、沖合の本船が数十発の大砲を轟かせて乗組員の身柄の引き渡しを迫った。引き渡しを拒否すると一旦は退去したが、数日して五隻の船団となって再び大津浜沖に現れた。水戸藩からも現地に兵を送って警戒する中で幕府による取り調べが行われ、野菜などの補給のためとわかると、薪と水、食料などを与えて退去させた。

英国捕鯨船から鉄砲を持った船員が上陸したことを聞いた水戸学者の藤田幽谷は、一人息子であり水戸学の大家である藤田東湖に命じ、この外国人たちを暗殺するべく計る。しかしすでに釈放された後であり、目的を果たすことはできなかった。幽谷や東湖はこの幕府や藩の事なかれ主義の対応に納得できず、これが外国人の排斥を唱える攘夷論へと発展するきっかけとなった。

二〇日間ほど拘留されていた外国人たちは、その間に絵を描いたり、村民と相撲をとったりして親しくなり、洞穴のそばには梅の老木があったことから、その梅をイギリス梅と呼んだという。

これがいわゆる、大津浜事件といわれる事件の顛末であるが、昭和に入り梅は枯れ、かつての面影はない。

伊豆（静岡）

マリンツーリズムとイルカ食文化

富戸のイルカ漁

日本では古代からイルカやくじらを食糧として利用して来たが、現代では欧米諸国を中心に強い批判にさらされている。その一方でイルカやくじらなどの海の生き物との交流を目的にする、ウォッチングやダイビングなどの観光産業が盛んである。ウォッチングやダイビングはイルカやくじらへの愛護精神がベースにあってこそ成り立つのであり、日本人にはイルカやくじらへの愛護精神が受け入れられていると考えることができる。

静岡県でのイルカ食文化は伊豆地方に色濃くあり、イルカ漁も主に伊豆地方を中心に行われてきた。伊豆半島沖の駿河湾や相模湾は、黒潮に沿って魚を追うイルカの回遊路にあたる。さらに半島全体に複雑に入り組んだ湾が多く、イルカを追い込むのにも適していた。縄文遺跡からは、イルカの骨が出土し、近世以降は伊豆半島の各地でイルカ漁が行われていた。第二次大戦中や戦後において、食糧難もありイルカ漁は全盛期となったが、戦後の復興が進むにつれて食糧事情もよくなりイルカ肉の消費は減退。次第にイルカの追い込み漁も衰退し、現在は富戸だけがイルカ漁の実施地域となった。商業捕鯨の一時停止以後はイルカ漁も科学的根拠に基づき捕獲対象種や頭数も制限されるようになっている。現在は食用だけでなく水族館飼育用としての需要があるために音を鳴らして追い込むことをしなくなり、漁を行わない年も多くなった。その結果全盛期に漁に従事していた人々からは、技術の伝承が途絶えることが懸念されている。

安良里に残るくじら突きの面影

西伊豆地方で昭和の中頃までイルカ漁を行っていたのが安良里であり、安良里には真っ赤な衣装を着た子どもたちがくじら突きの動作を演じる「猿っ子踊り」と呼ばれる踊りが伝わる。くじらを探す動作や銛を打ち込む動作を演じるこの踊りは、秋祭りに披露される。地元に伝わる話によればこの踊りは、昔、猿が海の方を指差し騒いでいたので、村人がなんだろうと思って山に登って眺めてみれば、港にイルカがたくさん寄ってきていた。さっそく船を出してイルカの群れを追い込んで捕獲し、この大漁のお礼に猿の真似をして船の上で踊って港を回ったことが始まりだという。

また同じ西伊豆の戸田に伝わるのが、漁師たちの祝い唄として伝わる「鯨突唄」である。「波勝の沖でつちをついたとまねを出す」という歌詞の中に出てくる「つち」とはツチクジラのことであり、波勝崎の沖でツチクジラを突いた、と唄っているのである。この唄と一緒に「突棒」といわれる踊りも披露される。

伊豆沿岸では、明確な捕鯨に関する記録がないため断定はできないのだが、この鯨突唄を聞く限りツチクジラ漁が行われていたと考えられる。

あとがき

初版を刊行して

日本人の歴史も、「日本とくじらとの関わりの歴史」も、脈々とその流れは現代にまで続いている。その流れをくみ取ることは、現代に活きる日本人として当然の責務であり、喜びであると思う。

ところが、現在の日本人は、往々にして目先の仕事と、直近のお金を自らの懐に生じさせることの追求に目を奪われ、歴史や文化に思い馳せることが少なくなり、結果的に長い座標軸の物事を捉え考える視点と能力を失いつつある。また歴史や文化は、そこに人間としての営みたる経済・経営があり、狩猟や地上流通などの技術がある。最近では、外国から技術を学んだり、天然資源の管理方策を学んだりすることが大切である。極めて幅広い中での知識や視野の醸成が重要なのである。

それゆえに、歴史と文化を学ぶことは、時代の流れを越えて、幅広い領域にまたがり、人間が学習し修練することに、外ならないと筆者は考える。

本書は、基本的には過去について記述した歴史文化書である。しかし、その歴史文化書を紐解き学ぶことが、時空間と領域の広がりを読む者にも与えて、それを基にして未来を想像思索しつつ、創造するものであると考える。そのような術ときっかけになることを強く期待して本書を執筆した。そのような意図を読者の各位が多少なりともお汲み取りいただけるとすれば筆者の喜びも、大なるものがあり読者の各位に厚く御礼を申し上げるのである。

本書とその出版に際しては、宮田哲男雄山閣社長および安齋利晃氏に多大なお世話になり、心から御礼を申し上げる。また堀口昭蔵氏には、構成から編集には、きめ細やかで厚いご協力を賜わった。

最後に、日野浩二氏と本田司氏にも、多大なるご支援とご協力をいただいた。良心より御礼を申し上げる。

二〇一七年八月　小松正之

増補版を刊行して

本増補版の作成にあたっては、最近の動向をまとめるうえで戦前の南氷洋捕鯨の動向と戦後の国際捕鯨取締条約や筆者自らが関与した一九九一年以降の国際捕鯨委員会（ＩＷＣ）と国内の捕鯨対策について、整理し分析した。

私がイタリア・ローマで国連食糧農業機関（ＦＡＯ）への日本政府常駐代表部から帰国した当初は、どうして、ＩＷＣでの反捕鯨国は、日本の発言を聞こうとしないのであろうかと疑問に思ったものである。それはＦＡＯでは議場が静まり返るほどの注目を浴びて、筆者も含め日本の発言が外国諸国に聞いてもらったからである。その後一九九三年には京都でＩＷＣ総会を開催し、日本の捕鯨を理解してもらうことに務めた。そして、それまで捕鯨反対であった国が棄権に回り、欠席だった国が出席した賛成をした。国内でも、報道が殺到し国民の関心が高まり、国家予算も増加した。

二〇〇二年には第五四回ＩＷＣを下関で開催した。日本沿岸捕鯨の再開に賛成する国と反対する国が拮抗するにいたった。そのＩＷＣ下関総会前には諸外国のＩＷＣ代表にも参加してもらい、日本の近代捕鯨発祥の地山口県長門市で「伝統捕鯨地域サミット」を初めて開催した。この時から、捕鯨の歴史と文化が脚光を浴びて、その後生月、室戸、下関と大地で、後続の伝統捕鯨地域サミットが開催されて、各地の捕鯨の過去、歴史と文化が現在の捕鯨と将来の展望に結び付いて、捕鯨関係者だけでなく、歴史研究者や文化人類学者とこれらの歴史的捕鯨地域・自治体の住民並びに日本全体が捕鯨に対する関心を増した。

筆者がこれらの動きを継承して、二〇〇七年「日本人とくじら 伝統、文化を訪ねて」（ごま書房）を刊行したことはすでに述べた。その続編が二〇一七年の「日本人とくじら 歴史と文化」（雄山閣）であることはすでに記述した通りある。そしてこの増補版につながる。

歴史と文化を「科学と国際法」に加えて、理解しこれらを糧としながら、国際交渉で外国諸国に訴えると、単に、「科学と国際法」の主張が、一段とより迫力を増し、効果を有したことは、国際会議の場で筆者は何度も経験した。歴史と文化は人間の歩んできた足跡そのものなので国家の垣根を超えて人間の琴線に触れ、そして感性に訴え、理解されやすい。

本増補版の出版に関しては、宮田哲男雄山閣社長、同社の安斎利晃氏には、企画段階から大変にお世話になった。また、堀口昭蔵氏には、構成と校正できめ細かいご支援をいただいた。こころより御礼を申し上げたい。

このようなご支援の下に本増補版が出版の機会を得て、読者の皆様の目に触れることを慶びたい。

二〇一九年一月小松正之

資料協力：勇魚文庫

【主要参考文献】

■新大村市史 第三巻 近世編より抜粋 第三章「大村藩の産業・交通と領民生活」中園成生　二〇一五年
■FUKUOKA STYLE Vol・12 福博綜合印刷株式会社　一九九五年
■大村史談 第四十五号　大村史談会　一九九四年
■ひがしそのぎ30周年記念誌　ふるさと発見　東彼杵町教育委員会　一九八九年
■佐賀県立名護屋城博物館研究紀要第九集抜刷「東松浦地域における古式捕鯨について」安永浩　二〇〇三年
■佐賀県立名護屋城博物館研究紀要第十一集抜刷「明治期の呼子・小川島捕鯨」安永浩　二〇〇五年
■呼子とクジラのはなし　呼子鯨組　二〇一五年
■川之江天領史　進藤直作　一九六五年
■宮窪むかしむかし　矢野勝明　一九九〇年
■瀬戸内海沿岸の鯨塚　進藤直作　一九六七年
■明浜町の鯨塚　久保高一　一九八六年
■東京水産大学論集　鯨の墓　進藤直作　一九七七年
■佐賀関郷土史　佐賀関郷土史研究会　一九八一年
■下関における鯨産業発達史　下関市立大学大学院経済学研究科修士論文　岸本充弘　二〇〇二年
■北の捕鯨記　道新選書　板橋守邦　一九八九年
■北海道で鯨を捕った男　あすなろ社　中村春江　一九八五年
■アイヌの捕鯨　名取武光著　北方文化出版　一九四五年
■鯨会社焼き打ち事件　佐藤亮一著　サイマル出版会　一九八七年
■日東捕鯨五十年史　日東捕鯨株式会社　一九八八年
■日本農業経済史研究　伊豆川浅吉著　日本評論社　一九四八年
■柿崎町の歴史　柿崎町教育委員会　柿崎町史編さん委員会　二〇〇二年
■北陸海に鯨が来た頃　勝山敏一著　桂書房　二〇一六年
■自然人90年1月冬季号「自然人」編集委員会 橋本雅文堂　一九九〇年
■鯨と生きる―長崎のクジラ商 日野浩二の生涯―　日野浩二著 株式会社長崎文献社　二〇〇五年

著者紹介

小松正之（こまつ　まさゆき）

＜著者略歴＞

1953 年岩手県生まれ。東京財団上席研究員、一般社団法人生態系総合研究所代表理事、アジア成長研究所客員教授。

1984 年米エール大学経営学大学院卒。経営学修士（MBA）、2004 年東京大学農学博士号取得。1977 年農林水産省に入省し水産庁に配属。資源管理部参事官、漁場資源課課長等、政策研究大学院大学教授を歴任。国際捕鯨委員会、ワシントン条約、国連食糧農業機関（FAO）などの国際会議、米国司法省行政裁判や国際海洋法裁判所、国連海洋法仲裁裁判所の裁判に出席し、日本のタフ・ネゴシエーターとして世界的に名を馳せた。FAO 水産委員会議長、インド洋マグロ委員会議長、在イタリア日本大使館一等書記官、内閣府規制改革委員会専門委員を務める。2017 年 9 月から日本経済調査協議会「第 2 次水産業改革委員会」主査を務める。

＜著書＞

『国際マグロ裁判』（岩波新書）、『海は誰のものか』『国際裁判で敗訴！日本の捕鯨外交』『これから食えなくなる魚』（幻冬舎刊）、『日本人の弱点』（IDP 出版刊）、『世界と日本の漁業管理』（成山堂刊）、『築地から豊洲へ』（マガジンランド刊）、『宮本常一とクジラ』『豊かな東京湾』『東京湾再生計画』（雄山閣刊）、『森川海と人・2015 ～ 17 年気仙川・広田湾総合基本調査報告書』（一般社団法人生態系総合研究所）（共著）など多数。

2003 年　ブリタニカ国際年鑑 2003「人間の記録・世界の 50 人」に選出。
2005 年　米ニューズ・ウィーク誌（日本版）「世界が尊敬する日本人 100 人」の 2 番に選ばれる。
2011 年　『世界クジラ戦争』（PHP 刊）が「第 2 回国際理解促進優良図書 最優秀賞」を受賞。

2017年 8 月25日　初版発行
2019年 1 月25日　増補版発行

◇生活文化史選書◇

日本人とくじら —歴史と文化— 増補版

著　者　小松正之
発行者　宮田哲男
発行所　株式会社 雄山閣
〒 102-0071　東京都千代田区富士見 2-6-9
TEL　03-3262-3231 / FAX　03-3262-6938
URL　http: //www.yuzankaku.co.jp
e-mail　info@yuzankaku.co.jp
振　替：00130-5-1685

印刷／製本　株式会社ティーケー出版印刷

ISBN978-4-639-02625-9 C0339
N.D.C.364　224p　21cm

<小松正之著　好評既刊>

定価：（本体 2,000+ 税）

148 頁／ A5 判

ISBN：978-4-639-02050-9

今、宮本常一が歩んだ時代からみて、世界のクジラの議論はどうなっていて、
今後どうしたらいいのか、また漁村社会、漁業や海の再生には何が必要か
という将来に向けた展望を語っている。
宮本常一のクジラに関連する調査を丹念に跡付けながら、著者の研究調査を重ね、
かつての日本の捕鯨の紹介、および将来への展望をまとめる。

定価：（本体 1,800+ 税）

158 頁／ A5 判

ISBN：978-4-639-01985-5

第１章　豊かな東京湾（東京湾の大きさ：東京湾の生産力　ほか）
第２章　全国豊かな海づくり大会―神奈川・横浜大会
（海づくり大会と東京湾の再生：豊かな東京湾再生検討委員会の設置　ほか）
第３章　江戸・東京湾の捕鯨の歴史と文化（安房勝山の醍醐組：浦安の稲荷神社　ほか）
第４章　佃島、日本橋、築地・銀座界隈と江戸前とクジラの関係　（築地：佃島　ほか）

http://www.yuzankaku.co.jp/